AUTOMOTIVE VOCABULARY

자동차 용어집

구민사

김현열

오산대학교 자동차튜닝과 교수

자동차 용어집

2024년 8월 20일 초판 인쇄
2024년 8월 30일 초판 발행

저 자 | 김현열
발 행 인 | 조규백
발 행 처 | 도서출판 구민사
(07293) 서울시 영등포구 문래북로 116, 604호(문래동 3가 46, 트리플렉스)
전 화 | (02) 701-7421
팩 스 | (02) 3273-9642
홈페이지 | www.kuhminsa.co.kr
신고번호 | 제2012-000055호(1980년 2월 4일)

I S B N | 979-11-6875-399-0 (93550)
정 가 | 23,000원

머리말

요즘 생산되는 자동차는 기계 및 전기, 전자 센서 등 다양한 요소로 구성되어 있어 매우 광범위한 종합 기술로 구성되어 있다. 그에 따른 많은 시스템과 그 시스템마다 들어가는 엄청난 양의 부품들 때문에 자동차 관련 전문서적이나 카탈로그 및 매뉴얼 등에서 새롭고 생소한 자동차 용어의 출현이 빈번하여 당황하는 경우가 적지 않다. 따라서 오늘날의 자동차 공학도는 물론이고 자동차 분야의 현장에 종사하는 모든 기술인, 기사, 기능인들을 비롯하여 일반인들까지 새로운 선진 기술 도입을 위한 전문 지식의 습득을 위해서는 자동차의 기초적인 용어 및 최신 기술 용어를 폭넓게 터득할 필요가 있다.

자동차 용어는 대부분이 외래어이며 약어가 그대로 사용되고 있는 것이 오늘의 현실이기 때문에 저자는 오랜 경험과 자동차 관련 정보들을 참고로 자동차 용어에 대한 책자를 편찬하게 되었다.

자동차 용어 수록을 위하여 많은 고뇌를 하다가 독자 여러분들이 쉽게 접근할 수 있도록 요즘 생산되고 있는 자동차에 대하여 꼭 알아야 할 용어들만 간단하게 수록하기로 하였다.

앞으로 판을 거듭하면서 기탄없는 독자 여러분의 질책에 힘입어 보다 완벽하고 유용한 책자가 되도록 다듬고 가꾸어나갈 것을 다짐하면서 이 한 권의 책이 출판되기까지 많은 도움을 주신 도서출판 구민사 조규백 대표님과 직원 여러분께 고마운 마음을 전한다.

Contents

01장 자동차 엔진

02장 자동차 섀시

03장 자동차 전기

Contents

04장 지능형 자동차

05장 친환경 자동차

1장
자동차 엔진
[AUTOMOTIVE ENGINE]

1. 엔진(Heat Engine) 구성품의 종류 및 역할

엔진이란 열에너지(연료의 연소)를 받아 팽창과 수축 과정을 반복하면서 기계적 에너지(일)로 변환시켜 외부에 일정량의 일을 해 주는 동력기관이다.

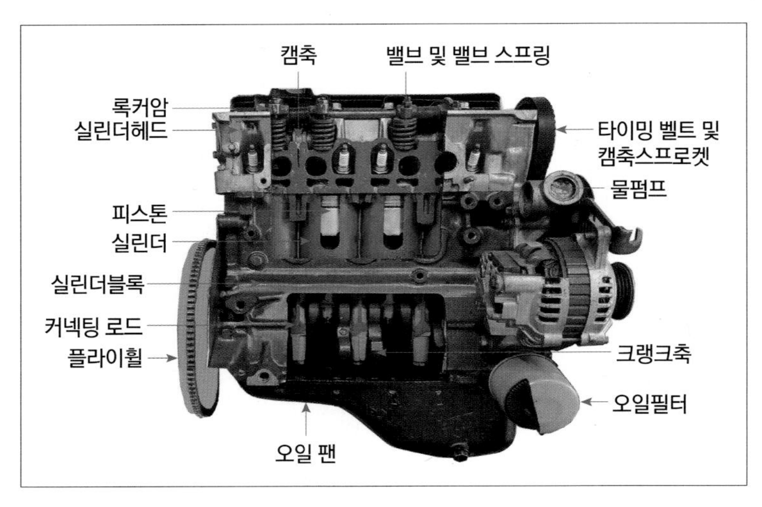

[그림 1] 엔진

1.1. 실린더헤드(Cylinder Head)

실린더헤드는 헤드 개스킷을 사이에 두고 실린더블록에 볼트로 설치되며, 실린더와 함께 연소실을 구성하며, 냉각수 통로인 워터재킷, 흡배기 통로와 흡배기 밸브 시트가 가공되어 있고, 캠축, 점화코일, 점화플러그, 밸브 기구, 로커암 등이 설치된다.

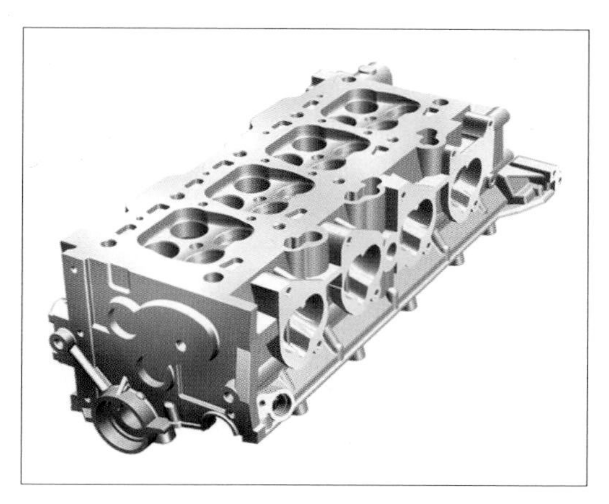

[그림 2] **실린더헤드**

1.2. 연소실(Combustion Chamber)

연소실은 가솔린엔진이나 디젤엔진 등 혼합기(연료와 공기가 섞인 것)가 주로 연소하는 공간을 말한다.

[그림 3] **연소실**

1.3. 실린더헤드 개스킷(Gasket)

실린더블록과 실린더헤드 사이에 설치되며 연소실 기밀을 유지하고, 냉각수 통로와 엔진오일 통로로부터 냉각수와 엔진오일이 누설되는 것을 방지한다.

[그림 4] **실린더헤드 개스킷**

1.4. 실린더블록(Cylinder block)

실린더블록은 엔진의 본체라고도 할 수 있을 만큼 기본적인 부품으로 스틸(Steel)과 알루미늄(Aluminium) 주물로 만들어지며, 위쪽에는 실린더헤드가, 아래쪽 중앙부에는 크랭크축 베어링을 사이에 두고 크랭크축이 설치된다. 내부에는 피스톤이 왕복운동을 하는 실린더가 마련되어 있으며, 이 실린더의 냉각을 위한 물 재킷이 둘러싸고 있다. 아래쪽에는 개스킷을 사이에 두고 오일 팬이 설치되어 윤활유가 담겨지며 아래 크랭크 실을 이룬다.

[그림 5] **실린더블록**

1.5. 실린더(Cylinder)

실린더는 왕복 기관의 핵심 동작 부분으로, 피스톤 왕복운동의 통로로서 피스톤과 실린더블록 사이의 기밀을 유지하여 열에너지를 기계적 에너지로 바꾸어 동력을 발생시키는 역할을 한다.

[그림 6] **실린더**

1.6. 오일 팬(Oil Pan)

오일 팬(Oil Pan)은 엔진의 하부에 설치되어 엔진오일을 저장해 두는 일종의 오일통을 지칭한다. 엔진 바닥의 뚜껑과 같은 부분으로, 엔진오일을 저장해 두기 때문에 오일 팬이라고 한다.

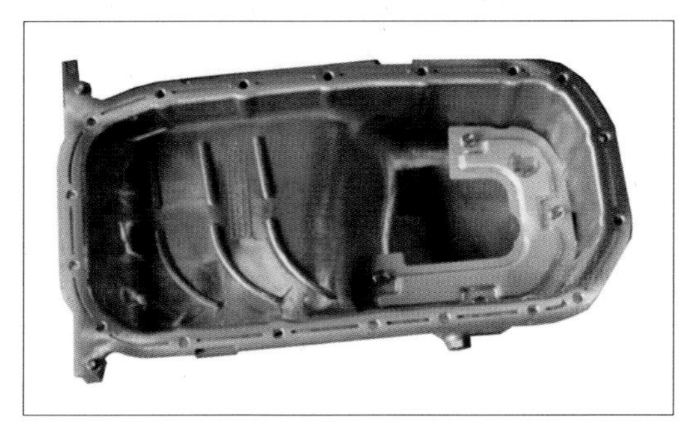

[그림 7] **오일 팬**

1.7. 피스톤(Piston)

피스톤은 실린더 안을 왕복하며, 연소 행정에서 고온・고압의 가스 압력을 받아 커넥팅 로드를 통해 크랭크 샤프트에 회전력을 발생시키는 구성 부품이다.

[그림 8] **피스톤**

1.8. 피스톤 링(Piston Ring)

피스톤 링은 압축 및 폭발행정에서 기밀을 유지하기 위하여 일부를 절단하여 적당한 탄성을 주어 피스톤 3~5개 정도의 링 홈에 설치한 금속제 링이다. 실린더 벽면에 있는 오일을 연소실에 들어가지 못하게 하는 오일 링(Oil Ring)과 연소가스가 새지 못하게 하는 압축 링(Compressing Ring)이 있다.

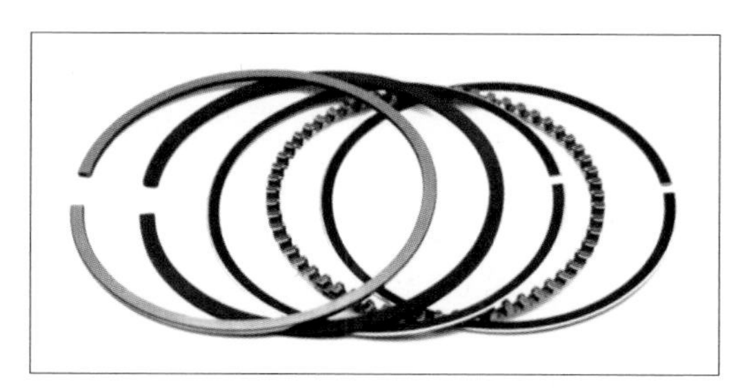

[그림 9] **피스톤 링**

1.9. 피스톤 핀(Piston Pin)

피스톤과 커넥팅 로드의 상단부(Small End)를 연결하는 핀으로, 피스톤이 받는 큰 힘을 커넥팅 로드를 통해 크랭크 샤프트에 전달한다.

[그림 10] **피스톤 핀**

1.10. 커넥팅 로드(Connecting Rod)

커넥팅 로드는 피스톤과 크랭크축을 연결하는 엔진 부품으로 피스톤의 왕복운동을 크랭크축의 회전운동으로 바꾸어 주는 역할을 하며, 이로 인해 발생하는 크랭크축의 운동에너지를 다시 피스톤에 보낸다.

[그림 11] **커넥팅 로드**

1.11. 크랭크축(Crank Shaft)

크랭크축은 연소실에서 발생한 폭발 압력이 피스톤과 커넥팅 로드를 경유하여 회전력으로 변환시켜 엔진의 출력을 외부에 전달하고 흡입, 압축, 배기행정에서는 피스톤에 운동을 전달하는 회전축이다.

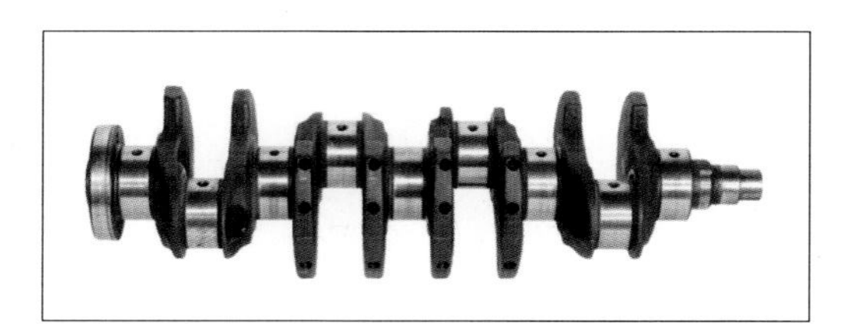

[그림 12] **크랭크축**

1.12. 플라이휠(Fly Wheel)

플라이휠은 크랭크 샤프트의 한쪽 축(플랜지)에 볼트로 체결한 큰 원판형의 기계적 장치로 폭발행정에서 발생되는 중량에 의한 관성의 에너지를 저장하여 흡입, 압축, 배기행정을 할 수 있도록 하고, 회전력의 차이에 의한 속도변화를 감소시켜 엔진의 맥동적인 회전을 균일한 회전으로 유지시키는 역할을 한다.

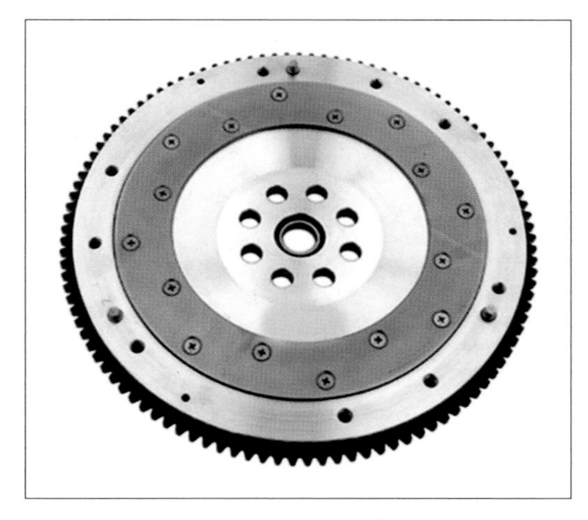

[그림 13] **플라이휠**

1.13. 진동 댐퍼(Torsional Vibration Damper)

풀리 댐퍼 또는 댐퍼 풀리(Damper pulley)로 알려져 있다. 크랭크축은 비틀림 진동을 매 동력행정마다 반복하게 된다. 이 비틀림 진동을 감소·제어하기 위한 장치가 진동 댐퍼이며, 크랭크축 앞쪽에 설치되어 있다.

[그림 14] **진동 댐퍼**

1.14. 엔진 베어링(Engine Bearing)

엔진 베어링은 회전 또는 직선 운동을 하는 크랭크축을 보호 · 지지하면서 운동을 원활하게 하도록 하는 기계부품으로, 마찰 및 마멸을 감소시켜 엔진에서 발생되는 출력의 손실을 감소시키는 작용을 한다.

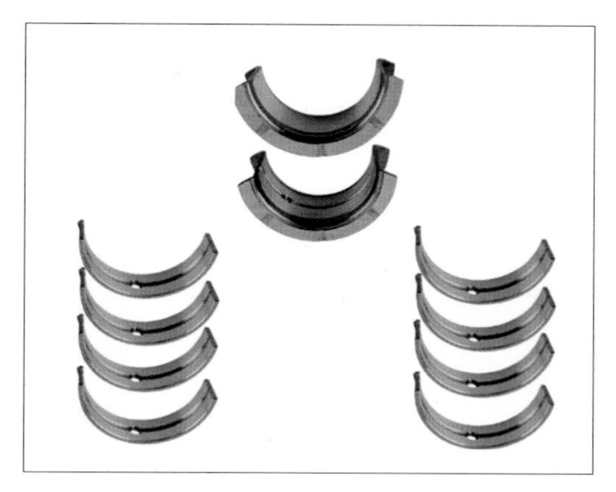

[그림 15] **엔진 베어링**

1.15. 흡 · 배기밸브(Inlet · Exhaust VALVE)

일반적으로 엔진에 장착되는 밸브는 흡기밸브와 배기밸브로 나누어진다. 흡기밸브(Intake Valve)는 흡입 행정 동안 공기, 연료로 구성된 혼합기가 실린더 속으로 들어가도록 열리는 밸브를 말한다. 배기밸브(Exhaust Valve)는 내연기관의 실린더헤드(cylinder head)의 배기포트에 설치되어 실린더에서 연료와 공기의 혼합물이 점화, 연소하면서 생성된 배기가스의 배출을 제어하는 장치이다.

[그림 16] **흡 · 배기밸브**

1.16. 밸브가이드(Valve Guide)

밸브가이드는 밸브의 밀착이 잘되도록 밸브 스템을 안내하는 역할을 한다.

[그림 17] **밸브가이드**

1.17. 밸브 스템실(Valve Stem Seal)

스템실은 엔진이 작동하는 과정에서 실린더 내에 강한 진공이 형성되기 때문에 엔진오일이 연소실로 침입하는 것을 방지한다.

[그림 18] **밸브 스템실**

1.18. 밸브스프링(Valve Spring)

밸브스프링은 실린더헤드 또는 블록과 스프링 리테이너 록 홈에 끼워져 밸브스프링을 고정하고 밸브 작동 시 밸브와 함께 운동한다.

[그림 19] **밸브스프링**

1.19. 밸브스프링 리테이너(Valve Spring Retainer)

밸브스프링 리테이너(Valve Spring Retainer) 는 엔진밸브와 밸브스프링을 기계적으로 조립 및 연결시켜 주는 부품이다.

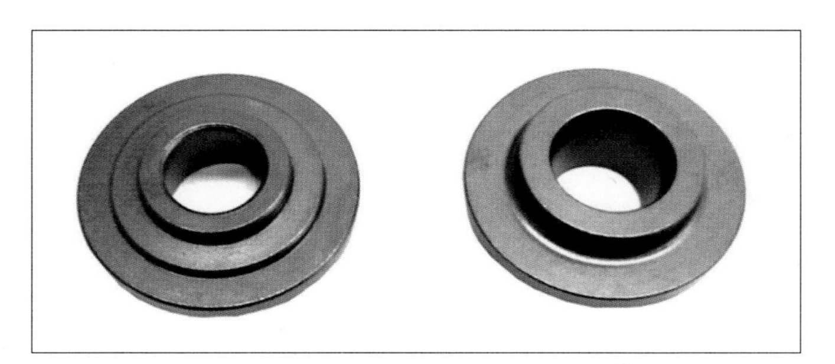

[그림 20] **밸브스프링 리테이너**

1.20. 리테이너 록(Retainer Lock)

리테이너 록은 리테이너 록 홈에 끼워져 밸브스프링을 고정하고, 밸브 작동 시 밸브와 함께 운동한다.

[그림 21] **리테이너 록**

1.21. 캠 샤프트(Cam Shaft, 캠축)

밸브를 여닫는 각 실린더의 캠을 하나로 모은 샤프트이다. 캠 샤프트에는 엔진의 밸브 수와 같은 수의 캠이 배열되어 있고, 캠 샤프트는 캠을 구동시키는 축이다.

[그림 22] **캠축**

1.22. 캠(Cam)

캠은 엔진의 회전운동을 실린더의 흡・배기밸브 작동에 필요한 왕복운동으로 변환한다.

[그림 23] **캠**

1.23. 유압밸브 리프터(Hydraulic Valve Lifter)

유압식 밸브 리프터는 오일의 비압축성과 윤활장치의 순환압력을 이용하여 밸브를 작동시킨다.

[그림 24] **유압밸브 리프터**

1.24. 가변밸브 타이밍(Variable Valve Timing, Continuously-VVT)

가변밸브 타이밍 시스템은 흡기와 배기밸브가 동시에 열려있는 구간인 밸브오버랩(Valve Overlap) 구간을 변화시켜 엔진 효율을 향상시켜 주는 것이 특징이다. 밸브오버랩이란 엔진 연소과정 중 배기가스를 신속하게 배출하고 흡입공기를 쉽게 들어오게 하기 위해 흡기밸브와 배기밸브가 동시에 열리는 현상을 말한다.

[그림 25] **가변밸브 타이밍**

2. 냉각장치(Cooling System) 구성품의 종류 및 역할

자동차 연소실은 혼합기가 연소될 때 발생하는 연소열에 의해 연소실의 온도는 최고 2,000~2,500℃까지 올라간다. 엔진의 과열을 방지하고 적정 온도인 80~90℃를 유지할 수 있도록 냉각장치가 장착된다.

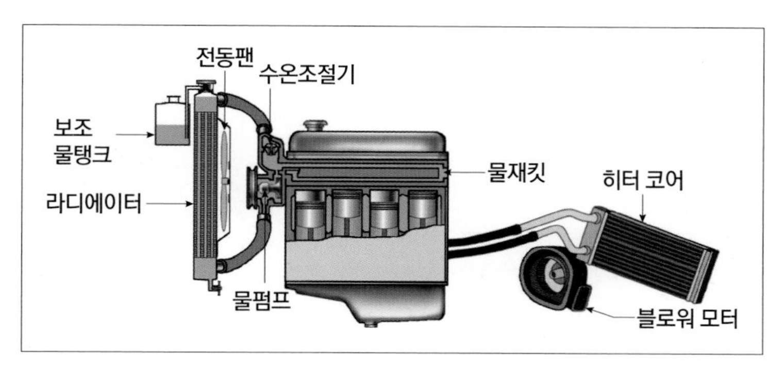

[그림 26] **냉각장치**

2.1. 냉각수(Cooling Water)

냉각수는 엔진 등에서 발생된 열을 냉각시키기 위한 물을 말한다. 엔진에서 사용하는 냉각수는 물을 사용하며, 물은 열을 잘 흡수하고 구입이 용이하기 때문이다.

2.2. 부동액(Coolant Water)

부동액은 겨울철 빙결과 여름철 과열을 예방하는 역할을 한다.

[그림 27] **부동액**

2.3. 물 재킷(Water Jacket)

물 재킷은 엔진에 온도를 일정하게 유지하기 위해 실린더헤드 및 블록에 일체 구조로 설치되어 냉각수가 순환하면서 연소실 및 블록에서 발생한 열을 흡수하는 물 통로이다.

2.4. 워터 펌프(Water Pump, 물 펌프)

워터 펌프는 크랭크축에 의해 팬벨트를 통하여 구동되어 엔진에 냉각수를 강제로 순환시키는 부품으로, 엔진이 회전하고 있으면 물 펌프는 항상 회전하도록 되어 있다. 최근에는 하이브리드자동차나 전기자동차가 많이 생산되면서 전동식 워터 펌프(Electric Water Pump)도 사용하고 있다.

(a) 워터 펌프

(b) 전동식 워터 펌프

[그림 28] **워터 펌프**

2.5. 구동 벨트(Drive Belt)

팬벨트 또는 V벨트라고도 하며, 크랭크축, 발전기, 워터 펌프, 동력조향 오일 펌프, 냉방 압축기의 풀리를 연결 구동한다.

[그림 29] **구동 벨트**

2.6. 냉각 팬(Cooling Fan)

뜨거워진 냉각수는 라디에이터를 통과하고, 라디에이터가 자동차 주행 풍에 의해 냉각이 된다. 하지만 공회전 상태나 저속에서 운행할 때는 바람의 세기가 약하기 때문에 냉각 팬(라디에이터 팬)을 통해 강제로 바람을 불어넣어 라디에이터에 흐르는 냉각수를 냉각시킨다.

[그림 30] **냉각팬**

2.7. 라디에이터(Radiator)

라디에이터는 방열기라고도 하며 자동차 그릴 바로 뒤에 위치한다. 엔진의 물 재킷을 냉각수가 순환하면서 냉각수는 뜨거워진다. 뜨거워진 냉각수를 라디에이터는 공기를 통해 냉각수를 냉각시킨다.

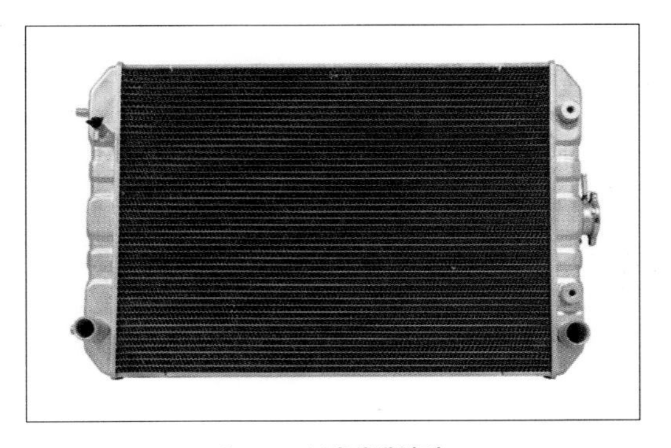

[그림 31] **라디에이터**

2.8. 라디에이터 캡(Radiator Cap)

라디에이터 캡은 압력 스프링이 있어 냉각수의 압력을 높여 냉각 장치 내의 비등점(비점)을 높이고, 냉각범위를 넓히기 위하여 압력식 캡을 사용한다.

[그림 32] **라디에이터 캡**

2.9. 수온조절기(Thermostat : 서모스탯)

수온조절기는 냉각수의 온도 변화에 따라 자동적으로 개폐하여 라디에이터의 유량을 조절하는 역할을 한다.

[그림 33] **수온조절기**

3. 윤활장치

윤활장치(lubrication system)는 엔진 내부의 각 섭동부에 오일을 공급하여 마찰 손실과 부품의 마멸을 최소화하여 기계효율을 향상시키고, 엔진 수명을 연장시켜 주는 역할을 한다.

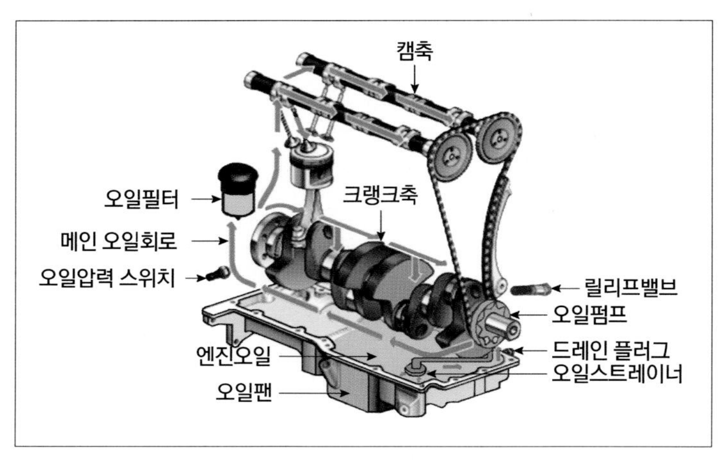

[그림 34] **윤활장치 구성품 및 오일 순환도**

3.1. 엔진오일(Engine Oil)

윤활유의 일종으로 보통 자동차에서 엔진 내부 사이에 마찰을 줄이기 위해 바르는 기름이다.

[그림 35] **엔진오일**

3.2. 오일 팬(Oil Pan)

오일 팬은 실린더블록에 개스킷을 사이에 두고 볼트로 결합되어 오일을 저장하는 역할을 하는 동시에 외부에 있는 공기와의 접촉을 통하여 어느 정도 냉각작용을 하고 있다.

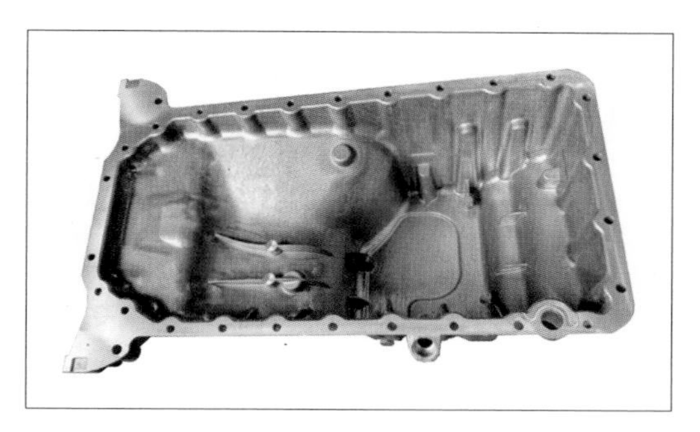

[그림 36] **오일 팬**

3.3. 오일 쿨러(Oil Cooler)

오일 쿨러(Oil Cooler)를 설치하여 오일을 냉각시킨다. 오일 쿨러에는 냉각수를 공급하는 수냉식과 공기로 식히는 공랭식이 있다.

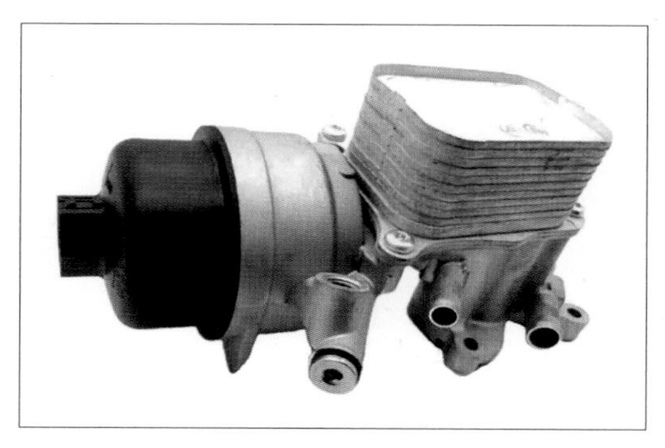

[그림 37] **오일 쿨러**

3.4. 오일 펌프(Oil Pump)

오일 팬에 있는 오일을 빨아올려 엔진의 각 운동 부분에 압송하는 펌프이다.

[그림 38] **오일 펌프**

3.5. 오일 필터(Oil Filter)

윤활장치 내를 순환하는 불순물을 제거하여 엔진오일을 깨끗하게 만든다.

[그림 39] **오일 필터**

3.6. 오일 스트레이너(Oil Strainer)

오일 스크린(Oil screen)이라고도 하며, 오일 팬 내의 오일을 펌프에 유도하고, 동시에 오일 가운데 포함된 비교적 큰 입자의 불순물을 제거한다.

[그림 40] **오일 스트레이너**

3.7. 릴리프밸브(Relief Valve, 유압 조절밸브)

릴리프밸브는 프런트 케이스 측면에 설치되어 윤활 통로에 과도한 압력이 걸리게 되면 릴리프 플런저는 스프링 힘을 이기고 이동하여 과도한 압력만큼의 오일을 오일 팬으로 복귀시킨다.

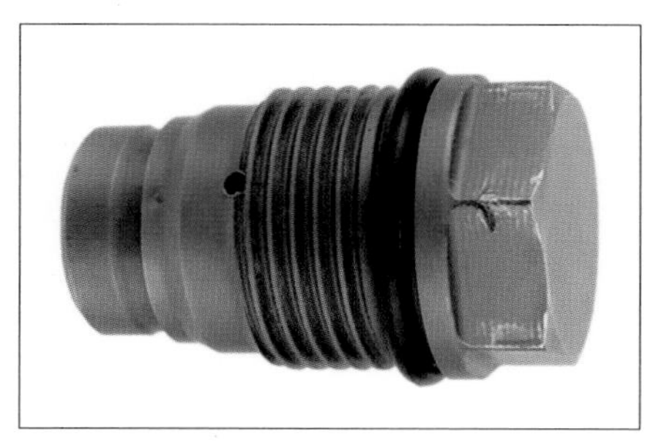

[그림 41] **릴리프밸브**

3.8. 유면표시기(Oil Level Gauge)

유면표시기는 오일 팬 내의 엔진오일 양을 점검할 때 사용하는 금속막대이다.

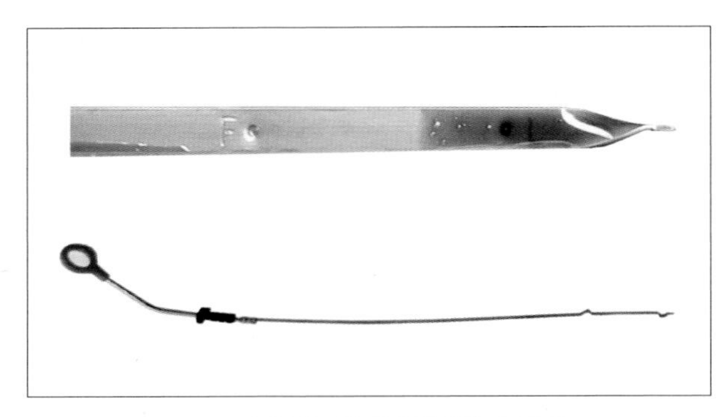

[그림 42] 유면표시기(오일레벨 게이지)

4. 흡기장치 · 배기장치(Intake System · Exhaust System)

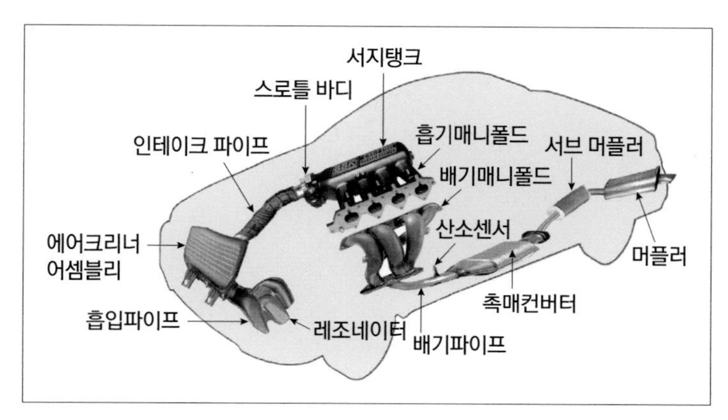

[그림 43] **흡기 및 배기장치**

4.1. 흡기장치(Intake System)

흡기장치는 엔진을 작동시키기 위하여 실린더 안에 혼합 가스를 흡입하는 장치이다. 흡입하는 공기 속에 존재하는 먼지 및 이물질 등을 여과시키는 공기 청정기와 보통 흡기구, 에어필터, 스로틀밸브, 흡기 매니폴드로 구성되어 있다.

[1] 흡기구(Air Intake)

흡기장치로 유입되는 공기가 가장 먼저 지나가는 곳은 흡기장치의 입구인 흡기구이다. 일반적으로 차량의 앞 범퍼 뒤쪽 엔진에 위치한다. 흡기구 장착 시 가장 중요한 것은 물이 들어오지 않는 장소에 설치되어야 한다.

[그림 44] 흡기구

[2] 에어 필터(Air Cleaner)

흡기구를 통해 들어온 공기는 에어덕트를 통해 에어필터로 보내진다. 에어필터는 공기 속의 먼지나 모래와 같은 여러 미세한 이물질을 제거하여 깨끗한 공기가 엔진으로 들어갈 수 있도록 도와주는 장치이다.

[그림 45] 에어 필터

[3] 스로틀 바디(Throttle Body)

운전자가 액셀 페달을 밟는 양에 따라 엔진으로 들어가는 공기의 양을 조절한다. 이 밸브가 설치된 케이스를 스로틀 바디라고 한다. 대부분의 자동차의 경우 가속페달과 스로틀 바디는 스로틀 케이블(또는 엑셀케이블)에 의해 기계적으로 연결되어 있어서 스로틀밸브는 케이블에 의해 직접적으로 개폐되도록 되어 있다.

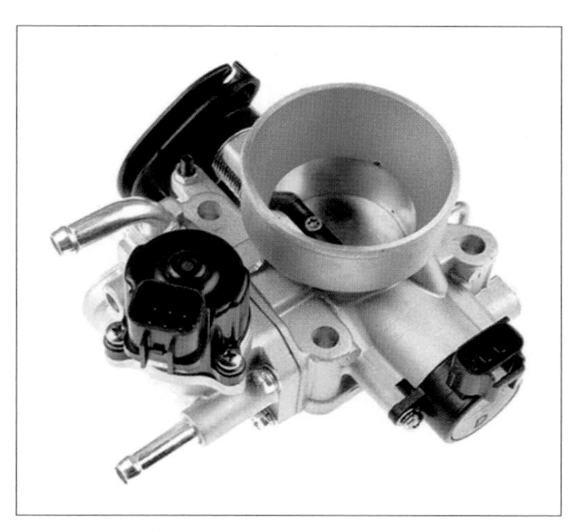

[그림 46] **스로틀 바디**

[4] ETC(Electronic throttle control)

운전자가 가속페달을 밟으면 페달에 설치된 엑셀 포지션센서(APS : Accelerator position sensor)가 페달의 변화량을 검출하여 ECU로 보내면, ECU는 이를 기준으로 다른 입력신호와 함께 스로틀밸브의 열림량을 연산하여 스로틀 바디에 부착된 모터를 구동시켜 스로틀밸브의 개도를 변화시킨다.

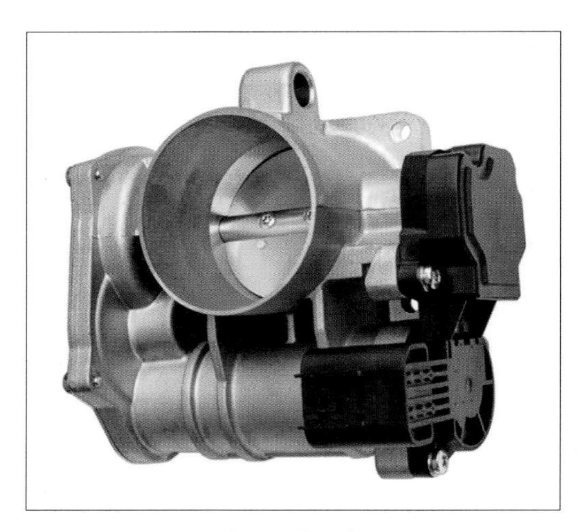

[그림 47] ETC

[5] 레조네이터(Resonator)

공명기(共鳴器)라고도 부른다. 공명의 원리를 이용해 소리를 줄이는 장치로, 일반적으로 에어클리너 주변에 설치하고, 에어클리너 케이스 또는 에어클리너 케이스와 스로틀 바디를 잇는 통로가 레조네이터 역할을 한다.

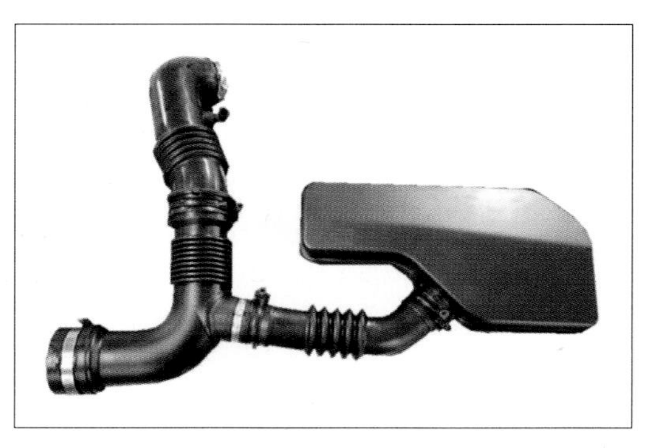

[그림 48] 레조네이터

[6] 서지탱크(Surge Tank)

스로틀 바디와 엔진 사이에는 서지탱크와 흡기 매니폴드가 설치되어 있다. 스로틀밸브를 지난 공기를 1차적으로 저장하는 공간으로 공기를 각 실린더로 안정되게 공급하는 역할을 한다. 서지탱크는 스로틀 바디를 지나 유입되는 공기를 또한 흡입계통에서 대기로부터 실린더로 공기를 흡입하기 위해 발생하는 진공을 생성 및 저장하도록 하며, 공기 흡입이 맥동적으로 이루어지는 것을 방지한다.

[7] 흡기 매니폴드(Intake Manifold)

흡기 매니폴드(흡기 다기관)는 서지탱크에서 대기 중인 흡입공기를 각 실린더에 공급하는 통로 역할을 한다.

[그림 49] 서지탱크 및 흡기 매니폴드

[8] 가변 흡기 시스템(Variable Induction Control System)

가변 흡기 시스템은 엔진의 회전과 부하 상태에 따라 공기 흡입 통로의 길이나 단면적을 조절해서 저속에서 고속운전 영역까지 흡입 효율을 향상시켜 엔진 출력을 높여주는 장치이다.

[그림 50] **가변 흡입장치 시스템**

4.2. 배기장치(Exhaust System)

배기가스의 온도는 대략 950℃ 정도로 높으며, 배기 매니폴드는 400~800℃, 촉매변환기는 100~500℃, 머플러는 50~200℃ 정도로 배기장치를 지나가면서 온도가 낮아진다.

[1] 배기 매니폴드(Exhaust Manifold)

각 실린더에서 배출되는 배기가스를 모아 배기 파이프로 보내는 역할을 한다.

[그림 51] 배기 매니폴드

[2] 촉매장치(Catalytic Converter)

촉매란 자신은 변하지 않고 주위의 화학 반응을 촉진시키는 물질을 말한다. 촉매장치는 일산화탄소, 미연소 탄화수소, 질소 산화물 등 인체나 환경에 유해물질의 배출을 줄이기 위한 장치이다.

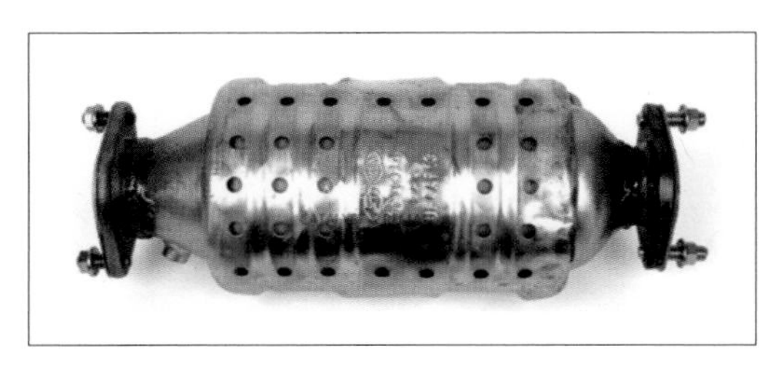

[그림 52] 촉매장치

[3] 머플러(Muffler, 소음기)

머플러는 자동차 내연기관 배기 시스템의 일부분이며, 통상적으로 차량 뒷부분 바닥 밑에 설치되어 있다. 머플러는 배기가스가 배출될 때 발생하는 소리와 유해물질을 정화하는 역할을 한다.

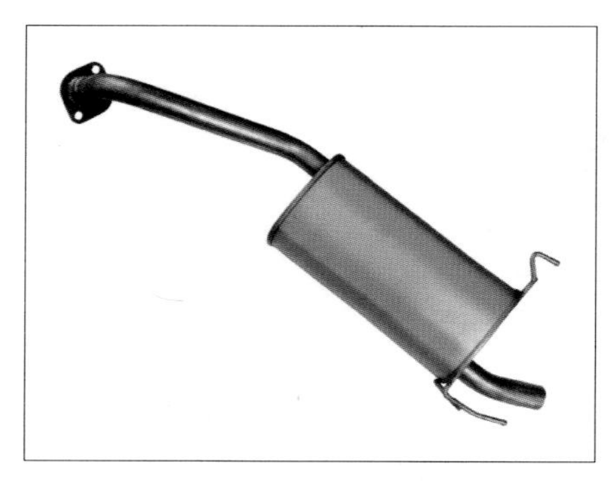

[그림 53] **소음기**

[4] 과급장치(Charger)

공기를 압축하여 내연기관의 연소실로 더 많은 공기를 보내 엔진의 출력과 효율을 높이는 장치이다.

① **터보차저**(Turbo Charger)

연소 후에 버려지는 배기가스를 구동 동력으로 재활용하는 장치로, 실린더 내에 고밀도의 압축공기를 공급, 엔진의 성능(출력, 토크)을 향상시켜 연료 소비 효율을 개선한다.

[그림 54] **터보차저**

② **슈퍼차저**(Super Charger)

슈퍼차저는 터보차저와는 달리 크랭크축의 동력으로 벨트에 의해 구동되어 실린더 내에 고밀도의 압축공기를 공급, 엔진의 성능(출력, 토크)을 향상시켜 연료 소비 효율을 개선한다.

[그림 55] **슈퍼차저**

[5] 인터쿨러(Inter Cooler)

터보차저에서 공기를 압축하면 흡입공기의 온도가 상승하는데 흡입공기를 냉각시켜 흡입효율 향상과 노크를 감소시킨다. 인터쿨러는 수냉식과 공랭식이 있다.

[그림 56] 인터쿨러

5. 배출가스 제어 시스템

5.1. 가솔린엔진의 배출가스 제어 시스템

[1] PCV 밸브(Positive Crankcase Ventilation Valve)

엔진의 매니폴더 흡입관에 부착되는 부품으로서, 블로바이가스의 유량을 제어하면서 이 가스를 다시 연소실로 보내는 역할을 수행한다.

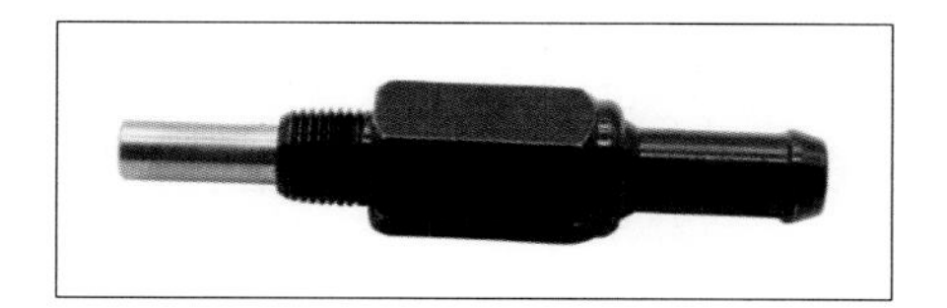

[그림 57] PCV 밸브

[2] EGR 밸브(Exhaust Gas Recirculation Valve)

EGR 밸브는 배기가스 중의 일부분을 다시 흡기 매니폴드로 유입 재연소시켜 엔진에서 배출되는 가스 중 질소산화물(NOx) 배출을 억제하기 위한 밸브이다.

[그림 58] EGR 밸브

[3] EGR 솔레노이드밸브(Exhaust Gas Recirculation Solenoid Valve)

EGR 솔레노이드밸브는 ECU에서 계산된 값을 PWM 방식으로 제어하는데 제어값에 따라 EGR 밸브 작동량이 결정된다. 각종 입력되는 센서의 값과 흡입 공기량을 계산하여 실제 EGR 솔레노이드밸브의 열림량을 출력하도록 되어 있다.

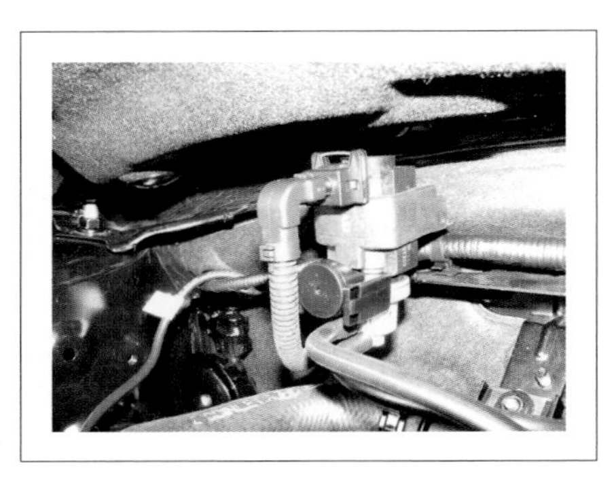

[그림 59] EGR 솔레노이드밸브

[4] 캐니스터(Canister)

캐니스터는 자동차 연료탱크에서 발생하는 유해가스(탄화수소)를 숯 성분의 활성탄으로 흡착해 대기 중으로 방출되지 않도록 하는 친환경 장치다. 흡착된 유해가스는 엔진 작동 시 공기와 함께 다시 엔진으로 빨려 들어가 대부분 연소된다.

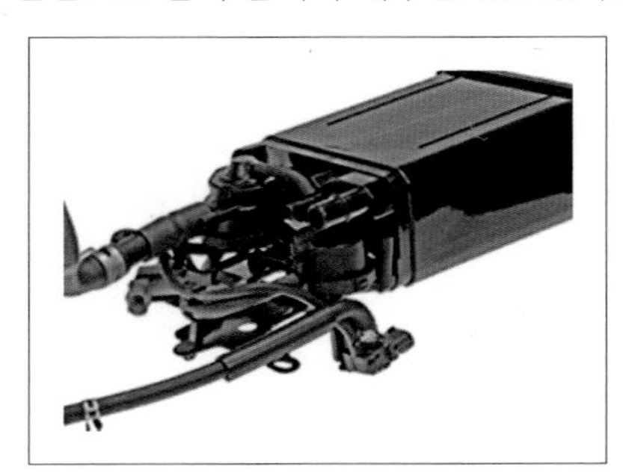

[그림 60] 캐니스터

[5] 산소센서(Oxygen Sensor)

산소센서 또는 람다센서(Lambda Sensor)는 자동차 배기가스 내의 산소량을 측정(감지)하여 전압신호를 ECU에 전달한다. 제어기준 조건이 충족된 상태이면 ECU는 산소센서의 전압신호에 따라 혼합비를 희박하게 또는 농후하게 할지의 여부를 결정한다.

[그림 61] **산소센서**

5.2. 디젤엔진 배출가스 제어 시스템

[1] DPF(Diesel Particulate Filter)

DPF(Diesel Particulate Filter)는 "배기가스 후처리장치"를 일컫는데, 배기가스의 입자상 물질인 PM을 정화하는 장치이다. 미세매연 입자로 분출되는 매연을 포집(물질 속 미량 성분을 분리하여 모음)하고, 연소시켜 제거하는 역할을 수행한다.

[그림 62] DPF

[2] SCR(Selective Catalytic Reduction)

SCR은 EGR과 같이 질소산화물을 줄이기 위한 장치로 다량으로 만들어진 질소산화물에 요소수로 부르기도 하는 NH_3(암모니아)수 또는 우레아(Urea : $NH_2(2CO)$) 수용액을 전용 분사 제어장치를 통해 분사한 후 질소산화물(NOx)과 반응을 일으켜 물과 질소로 변환시키는 촉매장치이다.

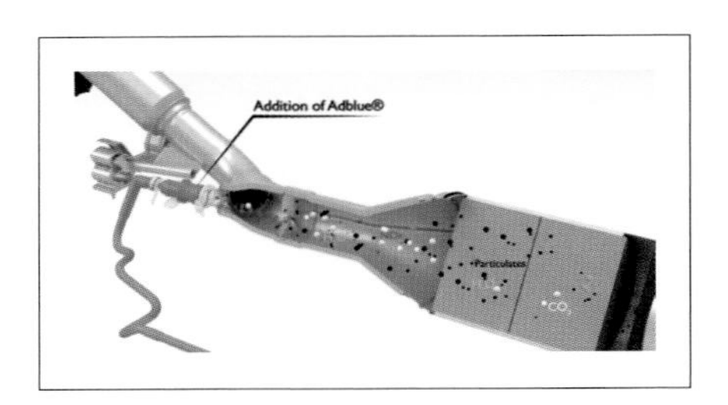

[그림 63] SCR

[3] 희박 질소 촉매(LNT : Lean NOx Trap)

LNT 방식은 NOx의 일부를 내보내지 않고 필터에 묶어두는 방식이다. 이후 연료를 과잉으로 내보내 필터에 쌓인 NOx를 다시 태워 필터를 환원한다.

[그림 64] LNT

6. 전자제어 가솔린 연료분사장치

6.1. 가솔린엔진 제어용 센서

[1] 온도 검출용 센서(Temperature Sensor)

① **흡입 공기온도센서**(IATS : Intake Air Temperature Sensor) : 흡기 온도센서는 흡입되는 공기의 온도를 검출하는 센서이다.

[그림 65] **흡입 공기온도센서**

② **냉각수온센서**(WTS : Water Temperature Sensor) : 엔진 냉각수온 센서는 실린더블록 또는 서모스탯 입구의 냉각수 통로에 설치되며 냉각수의 온도를 검출한다.

[그림 66] **수온센서**

③ **EGR 온도센서**(EGR Temperature Sensor) : EGR밸브의 흡기 포트 쪽에 장착되어 EGR가스 온도를 검출하는 센서로 NTC형 서미스터가 내장되어 재순환하는 배출가스의 온도를 계측하고, EGR이 작용하고 있을 때와 그렇지 않을 때의 온도 차를 이용해서 EGR장치의 고장을 판단하기 위해 사용한다.

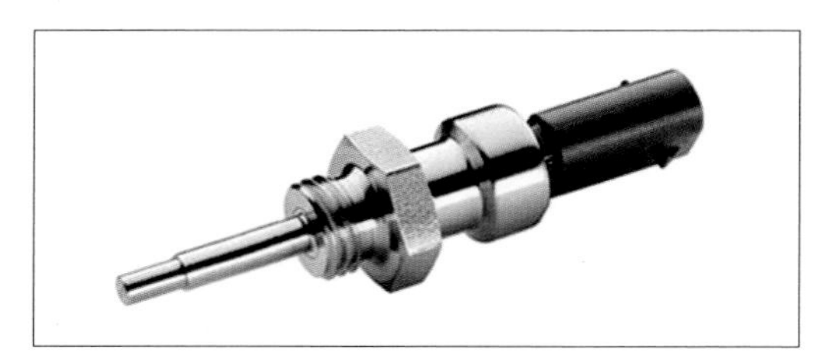

[그림 67] **EGR 온도센서**

[2] 압력 검출용 센서(Pressure Sensor)

① **대기 압력센서**(BPS : Barometric Pressure Sensor) : 고도 또는 기후에 따라 변화하는 공기의 밀도를 보정하기 위하여 대기 압력을 측정하기 위한 센서가 대기 압력센서이다.

[그림 68] **대기 압력센서**

② **부스트 압력센서**(BPS : Boost Pressure Sensor) : 부스트 압력센서는 인터쿨러 출력 파이프 상단에 장착되어 있으며, 터보차저에서 과급된 흡입 공기의 압력을 측정하는 역할을 한다.

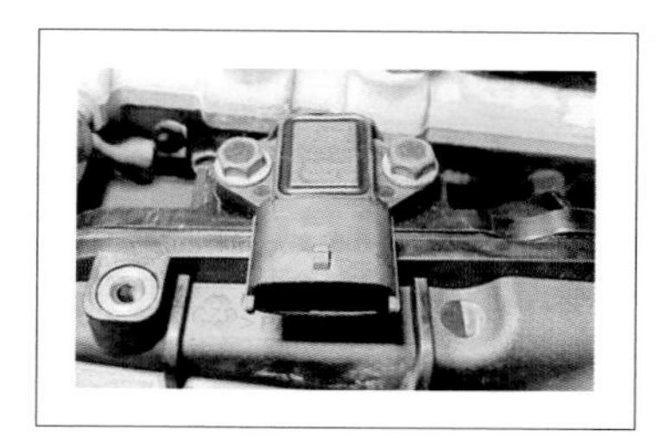
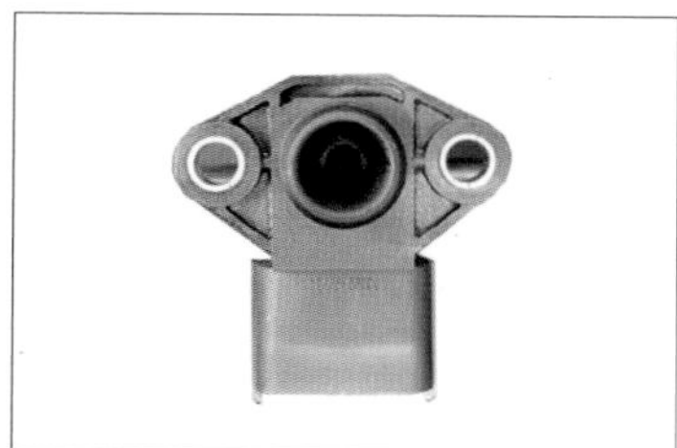

[그림 69] **부스트 압력센서**

③ **연료탱크 압력센서**(FTPS : Fuel Tank Pressure Sensor) : 연료탱크 압력센서는 연료 계통의 증발 가스 제어 시스템의 구성 요소로서, 연료탱크 내의 압력 변화를 이용한다.

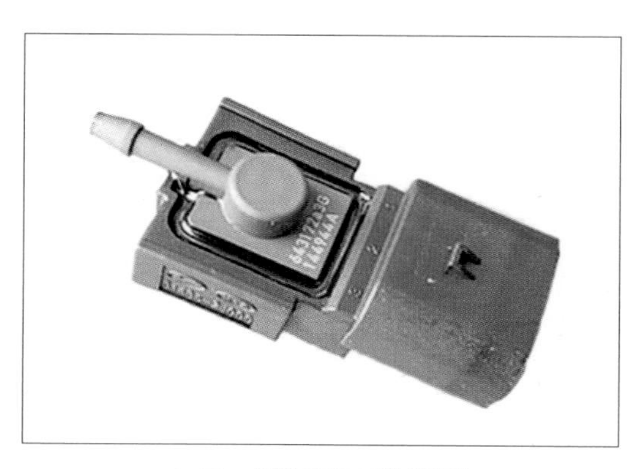

[그림 70] **연료탱크 압력센서**

[3] 공기유량센서(AFS : Air Flow Sensor)

흡입되는 공기량을 계측하여 ECU로 보내고, ECU는 기본 분사 시간을 결정하도록 하는 센서이다.

① **MAP센서**(Manifold Absolute Pressure Sensor) : MAP센서(흡기다기관 절대압력센서)는 흡기다기관 내의 절대압력을 측정하여 실린더로 흡입되는 공기량을 간접적으로 알아낸다.

[그림 71] MAP센서

② **베인식 AFS**(Vane Type Air Flow Sensor) : 에어크리너 케이스에 장착되어 엔진 내로 흡입되는 공기의 부압에 의해 가동베인(미저링 플레이트)이 회전운동하여 가변되면 미저링 플레이트 반대편에 설치되어 있는 포텐셔미터의 슬라이더와 일축으로 연동하여 저항판 위를 움직이게 된다. 그러면 입력된 전압에 저항이 걸린 전압만큼 공기량을 직접적으로 검출한다.

[그림 72] 베인식 AFS

③ **칼만와류식 AFS**(Karman Vortex Type Air Flow Sensor) : 칼만와류식은 공기 흐름 속에 발생되는 소용돌이를 이용하여 흡입 공기량을 검출하는 방식이다.

[그림 73] 칼만 와류방식 AFS

④ **핫 와이어 에어플로우센서**(Hot Wire Air Mass Sensor) : 엔진에 유입된 흡기 질량을 직접 계측한다. 입구에 설치된 미세한 철망은 이물질로 인한 열선의 기계적 파손을 방지하는 역할도 하고, 열선은 백금 전선이다.

[그림 74] 핫 와이어 AFS

⑤ **핫 필름 AFS**(Hot Film Type Air Flow Sensor) : 핫 필름 공기유량센서는 열선 방식의 단점을 보완하여 등장한 것이다. 핫 필름 방식은 열선 방식의 백금열선(약 70㎛ 두께의 가느다란 백금선), 온도센서, 정밀 저항기 등을 세라믹(ceramic) 기판(약 0.2mm)에 층저항으로 집적시킨 것이다.

[그림 75] 핫 필름 방식 AFS

[4] 위치 및 회전각센서

① **스로틀 포지션센서**(TPS : Throttle Position Sensor) : 스로틀 포지션센서(TPS)는 스로틀 바디에 장착되어 있으며, 운전자가 가속페달을 밟으면 스로틀밸브의 열림 정도를 검출한다.

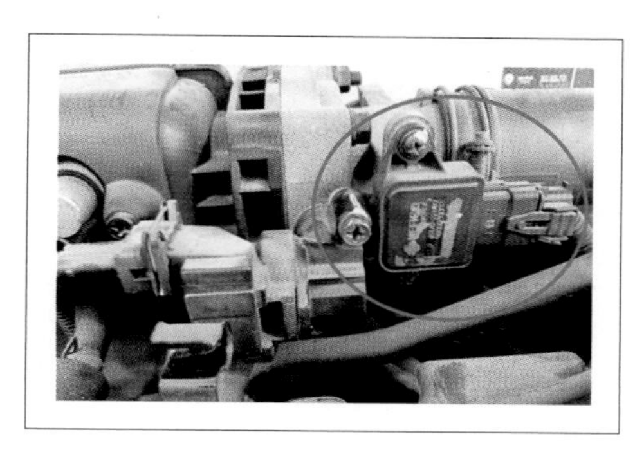

[그림 76] **스로틀 위치센서**

② **액셀러레이터 포지션센서**(APS : Accelerator Position Sensor) : 액셀러레이터 포지션센서는 가속페달의 밟힌 양을 감지하는 센서로 액셀러레이터와 일체로 구성되어 있다.

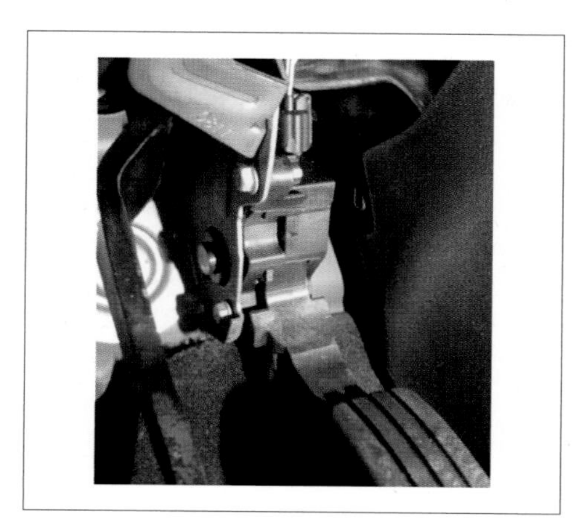

[그림 77] **액셀러레이터 포지션센서**

③ **전자제어 스로틀밸브**(ETC : Electronic Throttle Control) : 기존의 가속 페달과 스로틀밸브를 케이블에 의해 기계적으로 연결한 것과는 달리 스로틀밸브를 모터에 의해 제어하는 시스템이다.

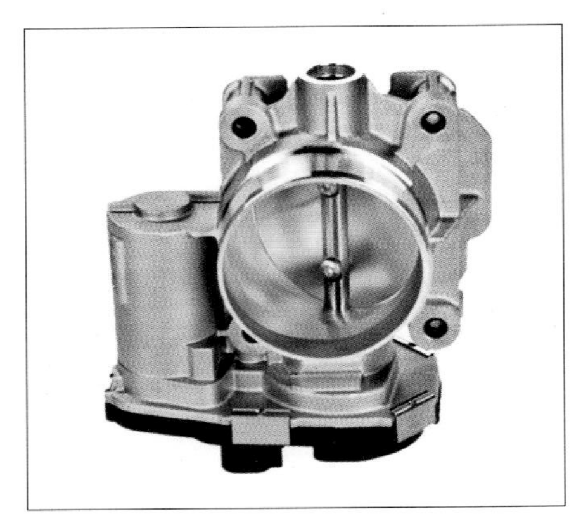

[그림 78] **전자제어 스로틀밸브**

④ **크랭크각센서**(CAS : Crank Angle Sensor) : 크랭크각센서는 엔진 회전속도 및 크랭크각의 위치를 감지하여 연료분사시기 및 연료분사시간과 점화시기 등의 기준 신호를 제공한다.

[그림 79] **크랭크각센서 설치 위치**

⑤ **캠축 포지션센서**(CMP : Cam Shaft Position Sensor & No. 1 TDC Sensor) : 1번 실린더의 압축행정 상사점을 감지하는 것으로 각 실린더를 판별하여 연료분사 및 점화순서를 결정하는데 사용한다.

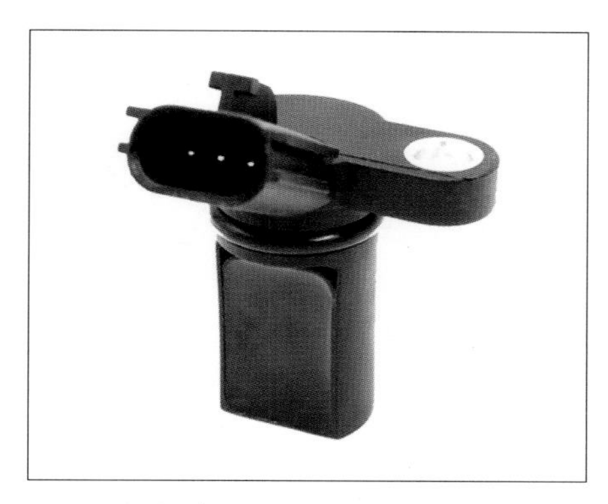

[그림 80] **캠축 포지션센서와 캠축 설치 상태**

[5] 노크센서(KS : Knock Sensor)

노크센서는 일종의 압전소자이며, 실린더 내의 노크를 감지한다.

[그림 81] **노크센서**

[6] 차속센서(Speed Sensor)

차속센서는 변속기 하우징이나 계기판 내에 장착되어 차량이 정지 상태인지 또는 주행 상태인지를 컴퓨터 및 계기판에 알려주는 기능을 한다.

[그림 82] 차속센서

[7] 인히비터 스위치(Inhibitor Switch)

인히비터 스위치는 P레인지와 N레인지에서만 기동전동기가 작동될 수 있도록 회로를 연결하여 주고, 자동변속기의 각 위치에 따른 신호를 TCU에 입력시키는 역할을 한다.

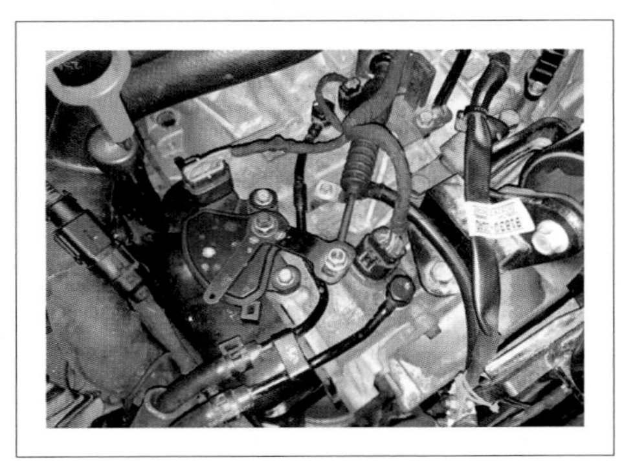

[그림 83] 인히비터 스위치

6.2. 가솔린 전자제어 연료장치

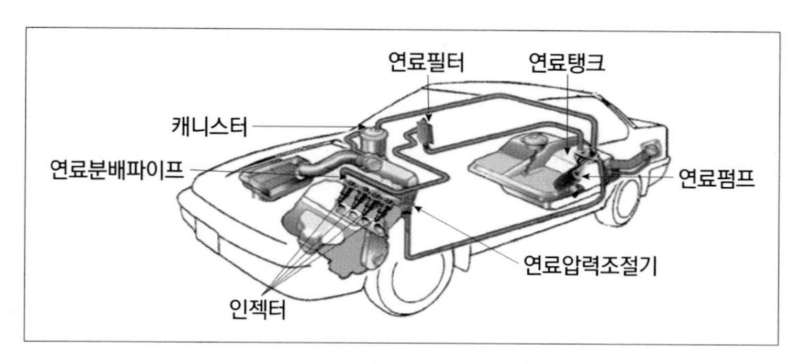

[그림 84] **전자제어 연료계통의 구조**

[1] 연료탱크(Fuel Tank)

연료탱크는 자동차의 주행에 소요되는 연료를 저장하는 탱크로서 강판(steel) 연료탱크 내면에는 녹스는 것을 방지하기 위하여 아연이나 주석 또는 알루미늄 등으로 피막 처리되어 있다.

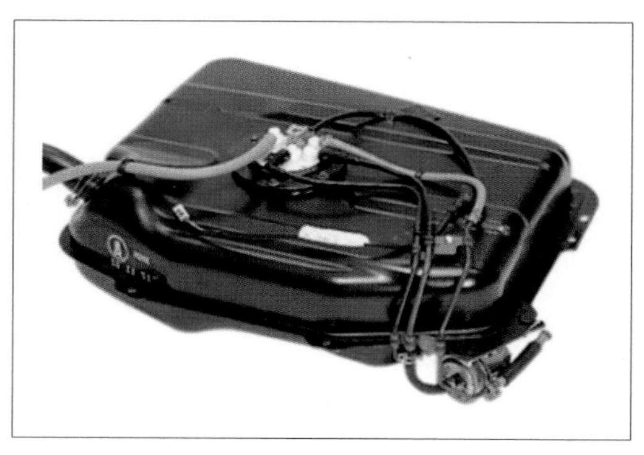

[그림 85] **연료탱크**

[2] 연료여과기(Fuel Filter)

연료여과기는 연료에 포함된 먼지나 수분 등 불순물을 제거하여 깨끗한 연료를 장치 내로 공급하는 역할을 한다.

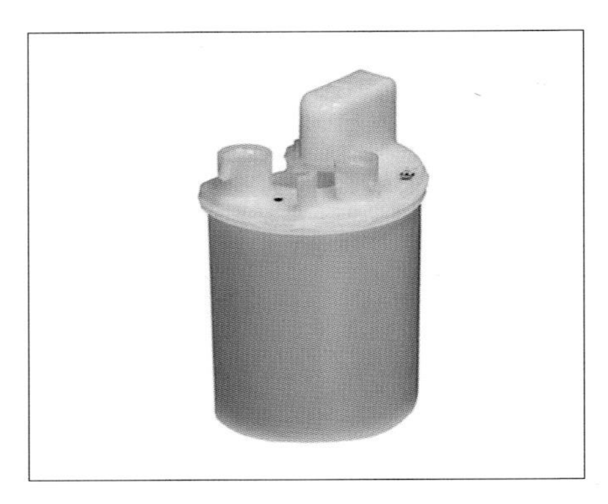

[그림 86] **연료여과기**

[3] 연료 펌프(Fuel Pump)

연료 펌프는 연료탱크에서 인젝터(injector)까지 연료를 공급해 주는 장치이며, 전기모터식 펌프(electrical motor pump)를 사용한다.

[그림 87] **연료 펌프**

[4] 연료 파이프(Fuel Pipe)

연료 파이프는 연료탱크에서 인젝터까지 각각의 장치를 연결하며 보통 구리 파이프를 사용한다.

[5] 딜리버리 파이프(Delivery Pipe : 연료분배 파이프)

연료분배 파이프는 각 인젝터들이 연결되어 있어 각각의 인젝터에 동일한 분사압력이 되게 할 수 있으며, 연료저장 기능을 지니고 있다.

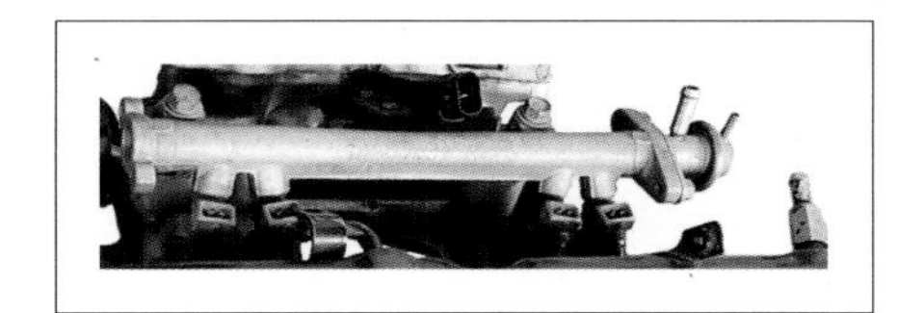

[그림 88] 딜리버리 파이프

[6] 연료압력 조절기(Fuel Pressure Regulator)

연료압력 조절기는 흡기다기관의 부압을 이용하여 연료계통 내의 압력을 조절해준다.

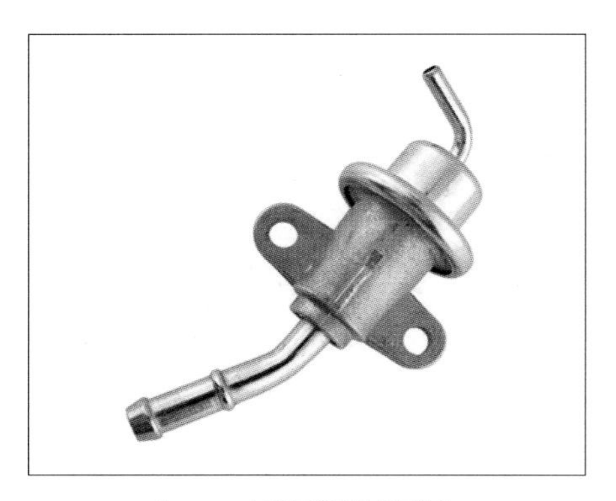

[그림 89] 연료압력 조절기

[7] 인젝터(Injector)

인젝터는 연료를 안개 형태로 고압·분사해주는 노즐이다. 인젝터는 각 실린더의 흡입밸브 앞쪽(흡기다기관)에 1개 또는 2개씩 설치되어 각 실린더에 연료를 분사하는 전류제어 방식의 솔레노이드밸브이다.

[그림 90] **인젝터**

6.3. ECU(Electronic Control Unit)

엔진제어장치로서의 ECU의 기능은 크게 점화 타이밍의 조절, 엔진 회전수의 한계 설정(퓨얼컷), 기온 및 기타 상태에 따라서 투입하는 연료량 제어, 아이들링 상태 관리, 캠 타이밍 조절(VVT 엔진 등) 같은 기능이 있다.

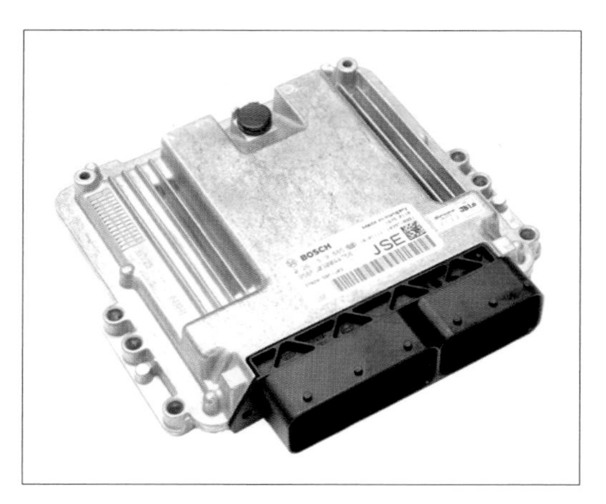

[그림 91] **엔진 ECU**

6.4. 공전속도 제어

공전속도 제어는 각종 센서의 신호를 기초로 컴퓨터에서 공전속도 조절기구(ISC) 구동신호로 바꾸어 공전속도 조절기구가 스로틀밸브의 열림 정도를 제어한다.

[1] ISC-서보(Idle Speed Control Servo)

ISC-서보는 ISC-서보 레버를 작동시켜 스로틀밸브의 열림 정도를 조절하여 공전속도를 조절한다.

[그림 92] ISC-서보

[2] 스텝 모터(Step Motor)

스텝 모터는 컴퓨터로부터의 작동 펄스신호에 의해 좌우 방향으로 15°만큼씩 단계적으로 마그네틱 로터가 일정하게 회전하여, 마그네틱 축과 나사(screw)로 연결된 밸브의 길이가 변화하여 바이패스되는 공기량을 증감시킨다.

[그림 93] **스텝 모터**

[3] 공전 액추에이터(idle speed actuator : ISA)

이 방식은 엔진에 부하가 가해지면 컴퓨터는 엔진의 안정성을 확보하기 위해 공전 액추에이터의 솔레노이드 코일에 흐르는 전류를 듀티 제어하여, 솔레노이드밸브에 발생하는 전자력과 스프링 장력이 서로 평형을 이루는 위치까지 밸브를 이동시켜 공기통로의 단면적을 제어한다.

[그림 94] **공전 액추에이터**

6.5. GDI(Gasoline Direct Injection) 엔진

GDI 엔진이란 원래 디젤엔진에서 쓰이는 기술로 연료를 흡기포트가 아닌 실린더 내로 가솔린을 직접 분사함으로써 흡기 충진 효율이 증대되고, 실린더 내 연료 증발을 통하여 연소실 온도를 낮추어 노킹 특성을 개선하고, 압축비를 증대시켜 성능/연비를 개선한 가솔린 엔진이다.

[그림 95] GDI 엔진

[1] 스월형 인젝터(Swirl Injector)

2분사(spray) 방식이며, 기존의 인젝터와는 달리 연료가 분사되면서 주위의 공기와 쉽게 혼합될 수 있도록 하기 위해 소용돌이를 이루면서 연료가 분사된다. 인젝터의 분사 시기는 점화 시기와 동일하게 분사되며, 엔진의 부하에 따라 피스톤의 흡입행정(일반연소) 또는 압축행정(희박연소)에서 분사된다.

[그림 96] 스월형 인젝터 설치 상태

[그림 97] GDI 연료 분사

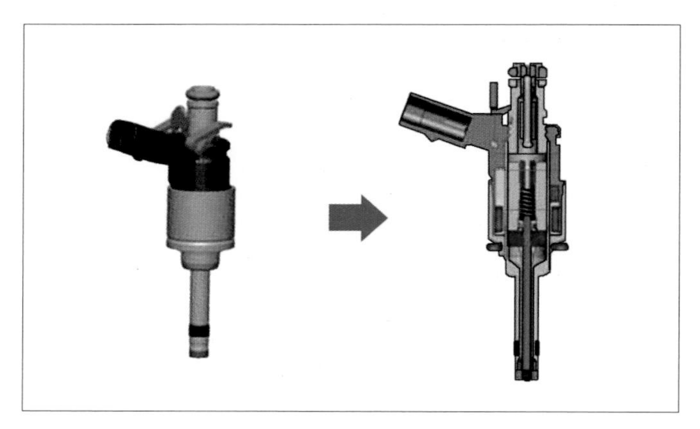

[그림 98] 스월형 인젝터

[2] 고압 연료 펌프(High Pressure Fuel Pump)

좌우 실린더헤드에 각각 설치된 고압 연료 펌프는 엔진의 흡입 캠축의 캠으로 구동된다. 압축된 연소실로 연료를 직접 분사하기 위해서는 연료탱크 내에 설치된 저압연료 펌프만으로는 분사압력(약 3kgf/cm^2)이 매우 낮으므로 저압연료 펌프에서 공급된 연료를 고압 연료 펌프에서 약 50kgf/cm^2 정도의 압력으로 상승시켜 인젝터에 공급한다.

[그림 99] GDI 고압 연료 펌프

[3] 연료 압력 조절밸브(FPRV : Fuel Pressure Regulator Valve)

연료 압력 조절밸브는 고압 연료 펌프에 장착되어 있으며, 여러 엔진 구동 조건으로 계산된 ECU 컨트롤 신호에 의해 인젝터로 유입되는 연료량을 조절한다.

7. LPG · LPI · CNG 연료장치

7.1. LPG(Liquefied Petroleum Gas) 연료장치

[1] LPG 봄베(LPG Bombe)

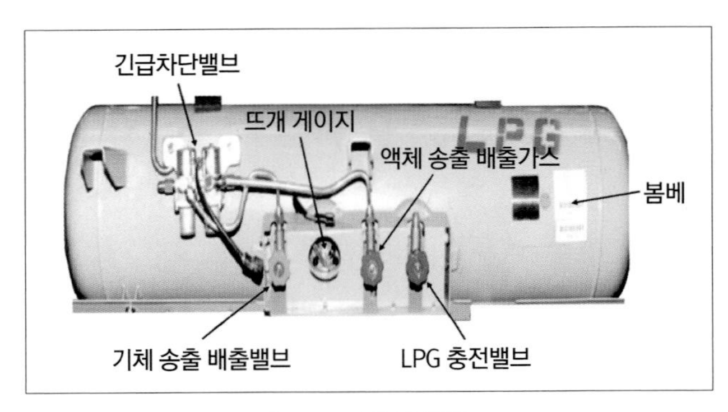

[그림 100] LPG 봄베

LPG를 보관할 수 있는 고압용기이다. 액체 상태의 유지 압력은 7~10kgf/cm^{2}이며, 봄베는 충전밸브(녹색), 기체 송출밸브(황색), 액체 송출밸브(적색) 등 3가지의 밸브와 충전량 지시장치인 액면 표시계와 플로트 게이지가 있다.

[2] 솔레노이드밸브(Solenoid Valve)

엔진의 온도에 따라서 15℃ 이상에서는 액체를, 15℃ 이하에서는 기체 상태의 연료를 공급 또는 차단하며, 전기적인 신호로 제어되는 일종의 전자석이다. LPG 여과기는 솔레노이드밸브 아래에 장착되어 연료 내의 불순물을 제거한다.

[그림 101] 솔레노이드밸브

[3] 베이퍼라이저(Vaporizer)

봄베에서 공급되는 액체연료를 대기압에 가깝게 감압시켜 믹서로 연료를 공급하는 역할을 한다.

[그림 102] 베이퍼라이저

[4] LPG 믹서(Mixer)

공기와 가스를 혼합시켜 주는 장치로서 전기장치나 에어컨 등을 사용하여 엔진부하가 증가하면 이를 보상해주는 장치도 같이 장착된다.

[그림 103] 믹서

7.2. LPI(Liquid Petroleum Injection) 연료장치

[1] 봄베(Bombe)

LPG를 저장하는 탱크이며, 연료 펌프를 내장하고 있다.

[그림 104] LPI 봄베

[2] 연료 펌프 모듈(Fuel Pump Module)

연료 펌프 모듈은 멀티밸브와 BLDC 모터 & 펌프 어셈블리로 구성되어 있으며, ECU의 제어에 맞춰 봄베 내 액상 LPG 연료를 송출하는 역할을 한다.

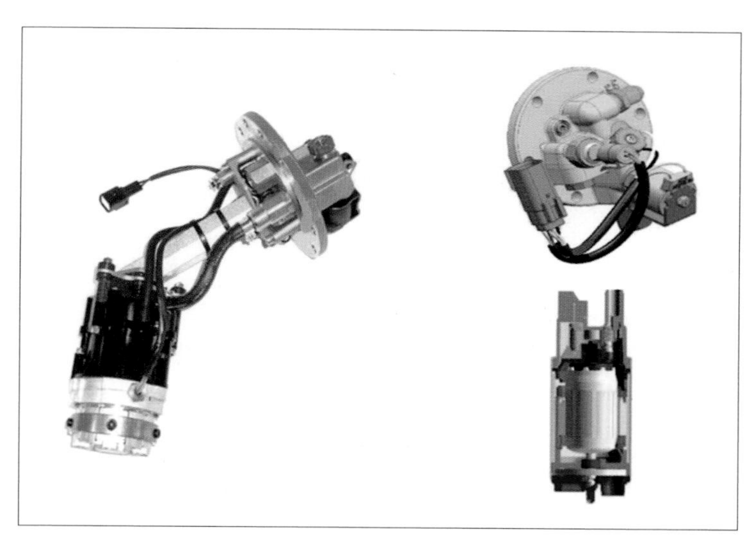

[그림 105] LPI 연료 펌프 모듈

[3] 인젝터(Injector)

인젝터 니들밸브가 열리면 연료압력 조절기를 통하여 공급된 높은 압력의 LPG는 연료 파이프의 압력에 의해 분사된다.

[4] 아이싱 팁(Icing Tip)

LPG 분사 후 발생하는 기화 잠열로 인하여 주위 수분이 빙결을 형성하는데, 이로 인한 엔진 성능 저하를 방지하기 위해 아이싱 팁을 사용한다.

[그림 106] LPI 인젝터와 아이싱 팁

[5] 연료압력 조절기(Fuel Pressure Regulator)

연료압력 조절기는 봄베 내의 압력 변화에 대하여 분사량을 일정하게 유지하는 작용을 하며, 인젝터 내에 걸리는 LPG의 공급압력을 봄베의 압력보다 항상 5bar 정도 높도록 조정한다.

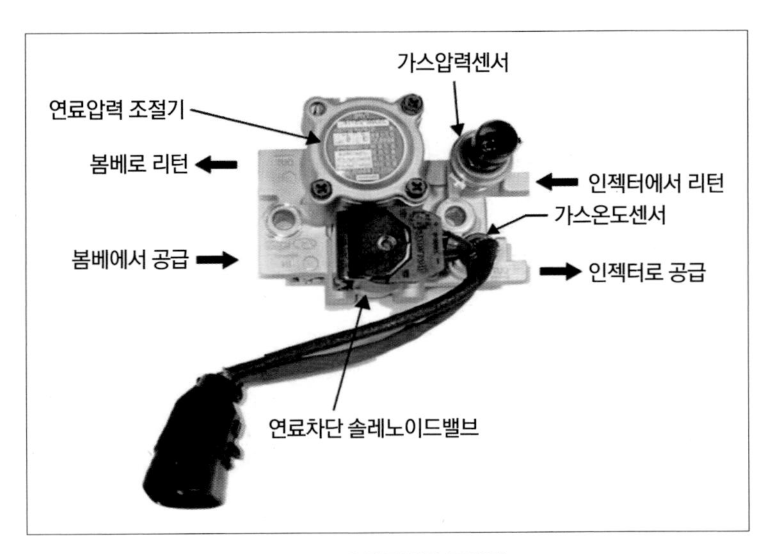

[그림 107] 연료압력 조절기

[6] LPI 연료 필터(LPI Fuel Filter)

LPI 차량의 경우 LPG 엔진 시스템보다 흡기 내 카본 슬러지가 많이 퇴적되며, 인젝터의 오염도 상당히 심해지고, 고장도 자주 발생되어 시동성 및 연비, 출력에 영향을 미치므로 연료 중의 슬러지를 걸러준다.

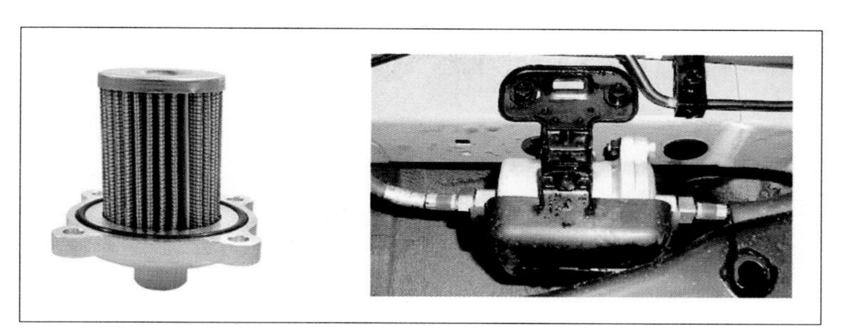

[그림 108] LPI 연료 필터 및 장착 위치

8. 디젤 엔진(Diesel Engine)

디젤 엔진은 흡입행정에서 공기만 흡입한 후 15~20 : 1의 높은 압축비로 압축하여 그 온도가 500~600℃가 되게 한 후 연료를 분사 펌프로 가압하여 분사 노즐로 실린더 내에 분사시켜 자기 착화(압축 착화)시키는 엔진이다.

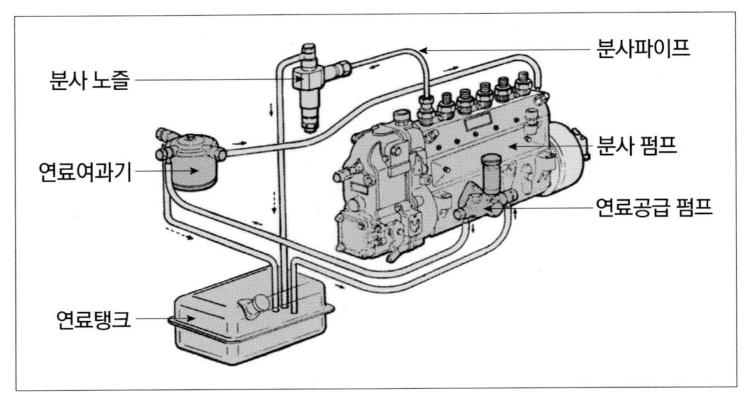

[그림 109] 기계식 디젤 연료 계통도

8.1. 기계식 디젤 엔진 연료공급장치

[1] 연료공급 펌프(Fuel Feed Pump)

공급 펌프는 연료탱크 내의 연료를 일정한 압력(2~3kgf/cm^2)으로 압력을 가하여 분사 펌프로 공급하는 장치이며, 분사 펌프 옆에 설치되어 분사 펌프 캠축에 의하여 구동된다.

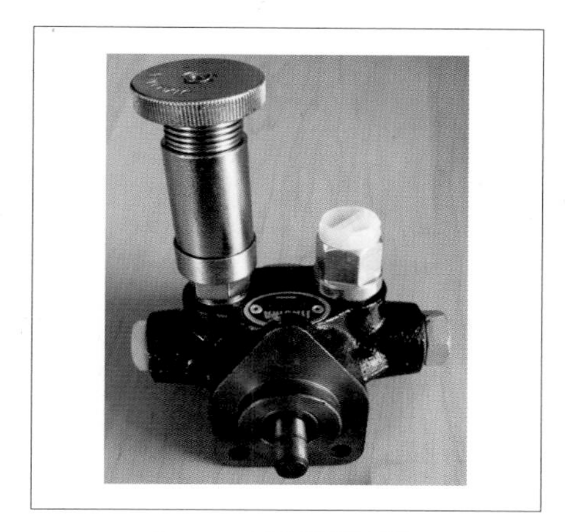

[그림 110] **연료공급 펌프**

[2] 연료 여과기(Fuel Filter)

연료 속의 먼지나 수분을 제거, 분리한다.

[3] 분사 펌프(Injection Pump)

공급 펌프에서 송출된 연료를 고압으로 변환시켜 분사 파이프를 거쳐 분사 노즐에 보내는 일을 한다.

[그림 111] **분사 펌프**

[4] 분사 파이프(Injection Pipe)

분사 파이프는 분사 펌프의 각 펌프 출구와 분사 노즐을 연결하는 고압 파이프이다.

[5] 분사 노즐(Injection Nozzle)

분사 펌프로부터 보내진 고압 연료를 미세한 안개 모양으로 연소실에 분사한다.

[그림 112] **분사 노즐**

8.2. 예열장치(Preheating System)

디젤 엔진은 압축착화 방식이므로 한랭한 상태에서는 연료(경유)가 잘 착화하지 못해 시동이 어렵다. 따라서 예열장치는 흡기다기관이나 연소실 내의 공기를 미리 가열하여 시동을 쉽도록 하는 장치이다.

[1] 흡기 가열 방식

직접분사실식 연소실에는 예열 플러그를 설치할 적당한 곳이 없기 때문에 흡입다기관에 히터를 설치한 것이다.

[그림 113] 히트레인지

[2] 예열플러그 방식(Glow Plug Type)

예열플러그 방식은 연소실 내의 압축공기를 직접 예열하는 형식이다.

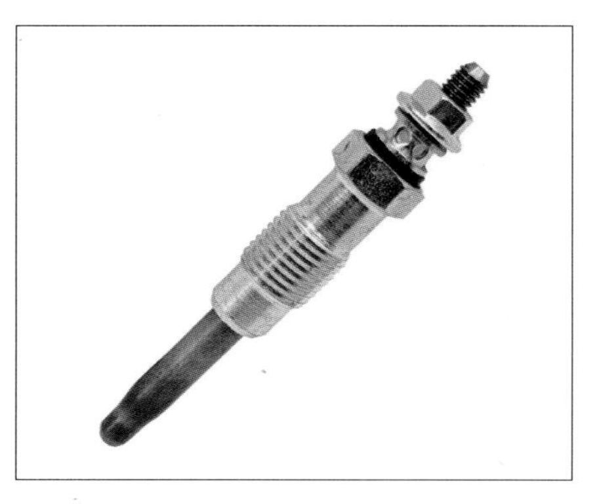

[그림 114] 예열플러그

8.3. CRDI(Common Rail Direct Injection) 연료분사장치

커먼레일 디젤 분사장치는 고압 펌프와 커먼레일을 이용한 초고압분사 방식의 디젤 연료 분사장치이다.

[그림 115] CRDI 엔진

[1] 저압연료계통

커먼레일 연료분사장치 엔진의 저압연료장치는 연료탱크, 연료 여과기, 저압연료 펌프로 구성되어 있다.

① 연료 여과기(Fuel Filter)

1차 연료 여과기는 연료탱크에 내장되어 있으며, 2차 연료 여과기는 엔진룸에 설치되어 연료 속의 이물질과 수분을 여과한다.

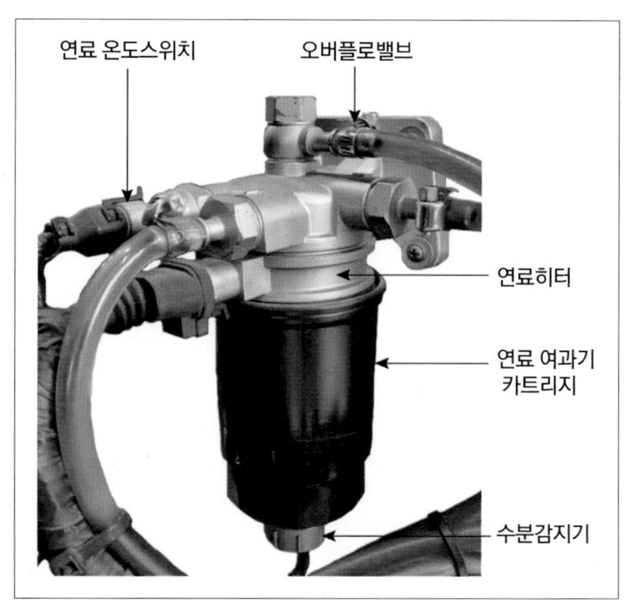

(a) 저압연료 펌프 전동기 사용 시 여과기

(b) 저압연료 펌프 기계식 사용 시 여과기

[그림 116] 연료 여과기

② **저압연료 펌프**(Low Pressure Fuel Pump)

기계식 저압연료 펌프는 기어 펌프를 사용하며, 고압연료 펌프와 일체로 구성되어 있어 엔진의 가동과 동시에 작동된다. 전동식의 저압연료 펌프는 전자제어 가솔린 엔진에서 사용하는 연료 펌프와 거의 같은 구조로 되어있다. 6.5~8.5bar의 연료를 고압연료 펌프로 공급한다.

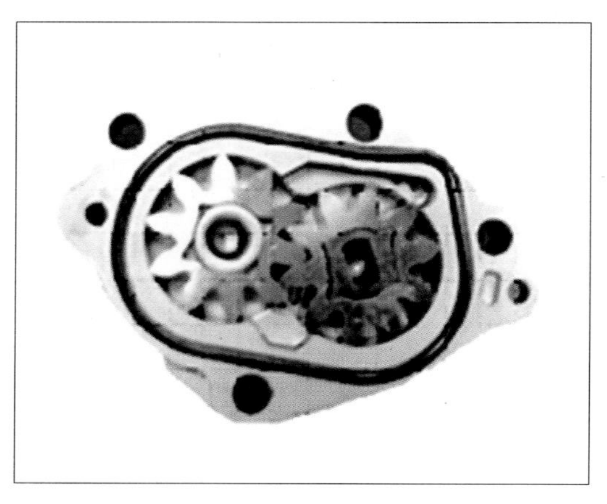

[그림 117] **기계식 저압연료 펌프**

[2] 고압연료 계통

① **고압연료 펌프**(High Pressure Fuel Pump)

고압연료 펌프는 엔진의 타이밍 체인(벨트)이나 캠축에 의해 구동되며, 저압연료 펌프에서 공급된 연료를 높은 압력으로 형성하여 커먼레일로 공급한다.

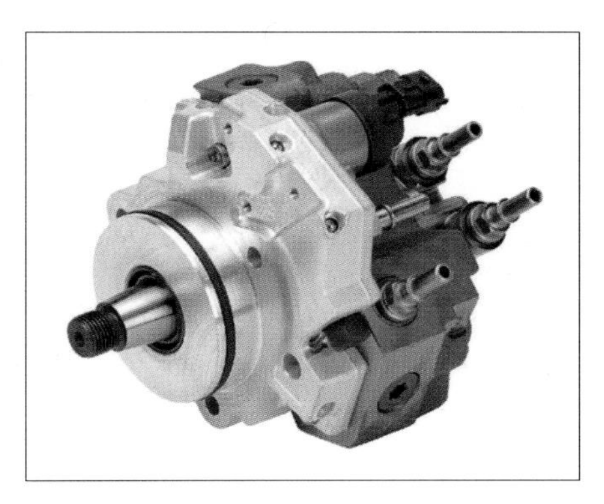

[그림 118] **고압연료 펌프**

② **커먼레일**(Common Rail, 고압 어큐뮬레이터)

커먼레일은 고압연료 펌프에서 공급된 높은 압력의 연료가 저장되는 부분으로 모든 실린더에 공통적으로 연료를 공급하며, 커먼레일 내의 연료압력을 일정하게 유지한다. 또 고압연료 펌프에서 연료를 압송할 때 맥동이 발생하는 경우 맥동을 완화시킨다.

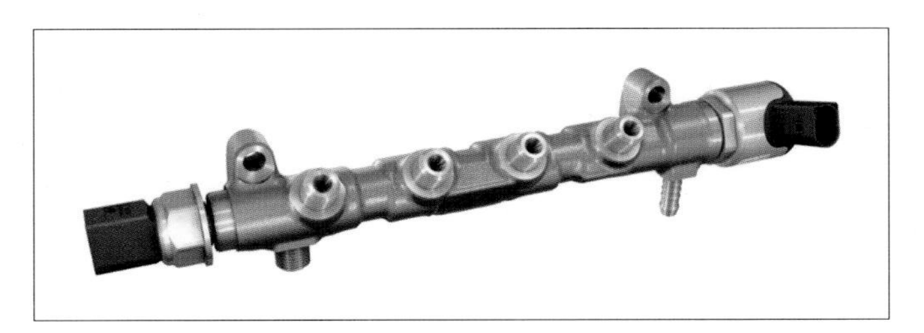

[그림 119] **커먼레일**

③ **연료압력 조절밸브**(Fuel Pressure Control Valve)

기계식 저압연료 펌프를 사용하는 방식에서는 저압연료 펌프와 고압연료 펌프의 연료 통로 사이에 연료압력 조절밸브가 설치(입구제어방식)되며, 고압연료 펌프로 보내지는 연료량을 제어하는 역할을 하는데, ECU로부터의 전기적 신호, 즉 전류제어로 연료압력을 조절한다. 전동식 저압연료 펌프를 사용하는 경우에는 커먼레일에 연료압력 조절밸브(출구제어방식)가 설치되어 있다.

④ **연료압력 제한밸브**(Fuel Pressure Limited Valve)

연료압력 제한밸브는 안전밸브와 같은 역할을 하며 입구제어 방식에서 사용한다. 입구제어 방식에서 고압연료 펌프에서 압력이 조절된 연료를 커먼레일로 공급하기 때문에 커먼레일에서는 복귀 계통으로 연료를 보내지 못한다. 이에 따라 연료압력 조절에 문제가 있어 과도한 압력의 연료가 커먼레일로 공급된다면 고압연료 계통의 파손을 초래한다. 연료압력 제한밸브는 커먼레일 끝부분에 설치되며, 연료압력이 한계(1750bar)값 이상 되면 과잉압력의 연료는 복귀계통을 통하여 연료탱크로 돌아간다.

⑤ **인젝터**(Injector)

인젝터는 각 실린더헤드에 장착되어 있으며, ECU의 제어 신호에 따라 커먼레일에 저장된 압축 연료를 실린더에 직접 분사하는 장치이다.

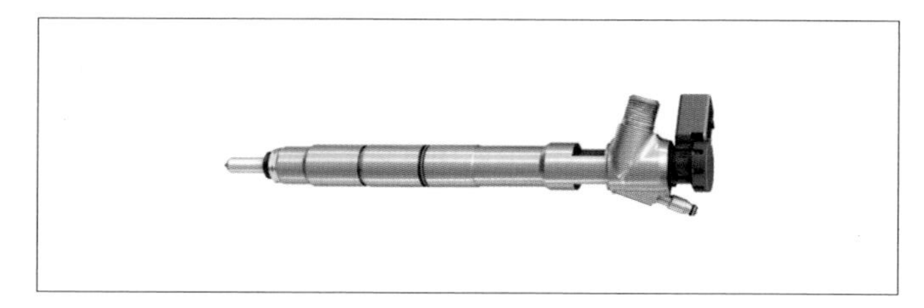

[그림 120] **인젝터**

2장

자동차 섀시

[AUTOMOTIVE CHASSIS]

1. 동력 전달장치

1.1. 클러치(Clutch)

클러치는 엔진 플라이휠과 변속기 입력축 사이에 설치되며, 엔진의 동력을 변속기에 전달하거나 차단하는 역할을 한다.

[1] 클러치판(Clutch Plate, 클러치 디스크)

클러치판은 플라이휠과 압력판 사이에 끼워져 있으며, 엔지의 동력을 변속기 입력축을 통하여 변속기로 전달하는 마찰판이다.

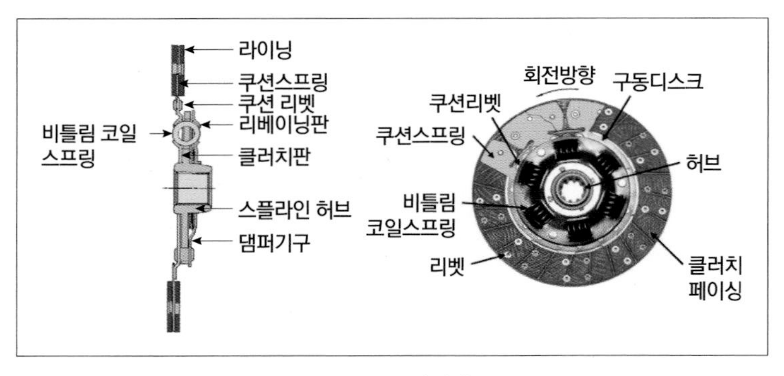

[그림 1] 클러치판

[2] 변속기 입력축(Transmission Input Shaft, 클러치축)

변속기 입력축은 클러치 디스크가 받은 엔진의 동력을 변속기로 전달하며, 축의 스플라인부에 클러치 디스크 허브의 스플라인이 끼워져 클러치 디스크가 길이 방향으로 미끄럼 운동을 한다.

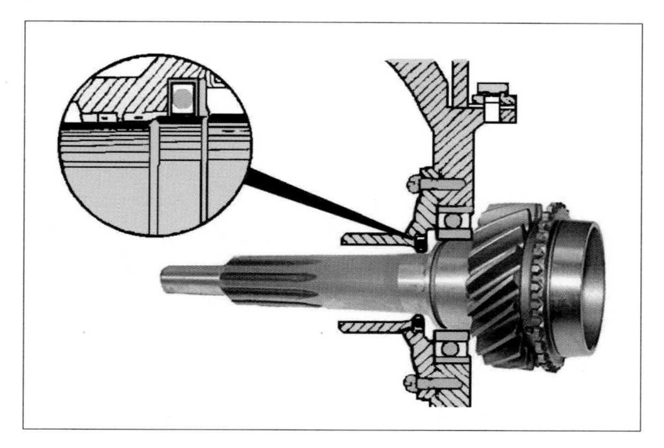

[그림 2] **변속기 입력축**

[3] 클러치 압력판(Clutch Pressure Plate)

압력판은 다이어프램 스프링(또는 클러치 스프링)의 힘으로 클러치판을 플라이휠에 밀착시키는 작용을 한다.

[그림 3] **압력판**

[4] 릴리스 레버(Release Lever)

엔진의 동력을 차단할 때에는 릴리스 베어링으로부터 힘을 전달받아 압력판을 후퇴시킨다.

[그림 4] 릴리스 레버

[5] 클러치 스프링(Clutch Spring)

클러치 스프링은 클러치 커버와 압력판 사이에 설치되어 있으며, 압력판에 압력을 발생시키는 작용을 한다.

[그림 5] 클러치 스프링

[6] 클러치 커버(Clutch Cover)

클러치 커버는 압력판, 다이어프램 스프링(코일 스프링 형식에서는 릴리스 레버, 클러치 스프링) 등이 조립되어 플라이휠에 함께 설치되는 부분으로 압력판 등을 지지하는 역할을 한다.

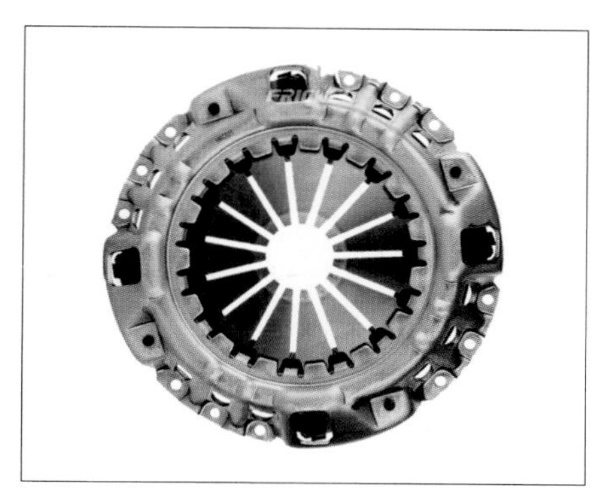

[그림 6] 클러치 커버

[7] 클러치 페달(Clutch Pedal)

클러치 페달은 조작력을 감소시키기 위해 지렛대 원리를 이용하며, 그 설치 방법에 따라 펜던트형(pendant type)과 플로어형(floor type)이 있다.

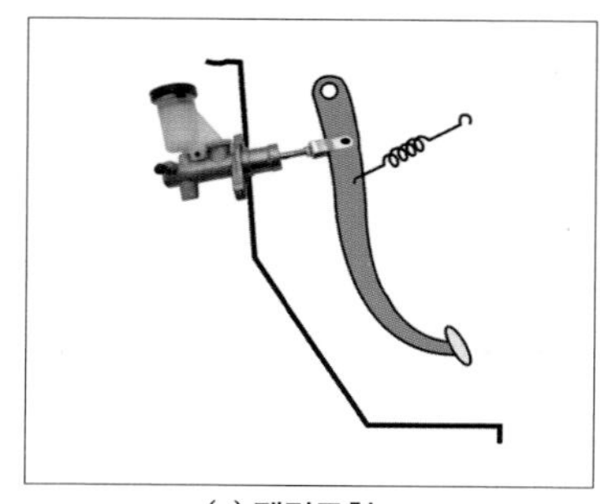

(a) 펜던트형

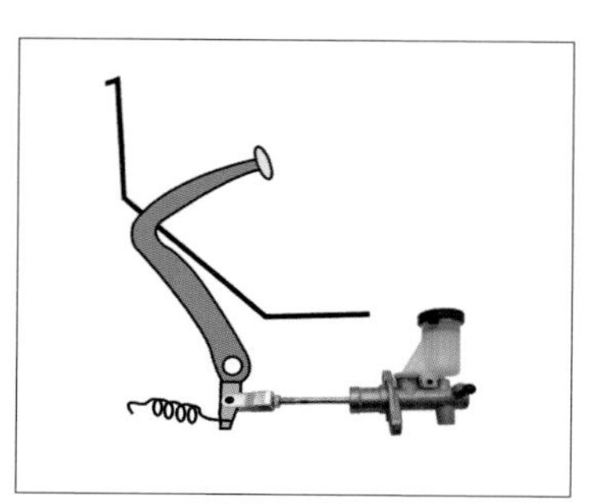

(b) 플로어형

[그림 7] 클러치 페달의 종류

[8] 릴리스 포크(Release Fork)

릴리스 포크는 릴리스 레버와 같은 역할을 한다.

[그림 8] **릴리스 포크**

[9] 릴리스 베어링(Release Bearing)

릴리스 베어링은 릴리스 포크에 의해 변속기 입력축의 길이 방향으로 작동하며, 회전 중인 릴리스 레버를 눌러 동력을 차단하는 작용을 한다.

[그림 9] **릴리스 베어링**

[10] 마스터 실린더(Master Cylinder)

마스터 실린더의 실린더는 클러치 페달을 밟으면 푸시로드가 피스톤을 밀어 유압을 발생시켜 릴리스 실린더로 보낸다.

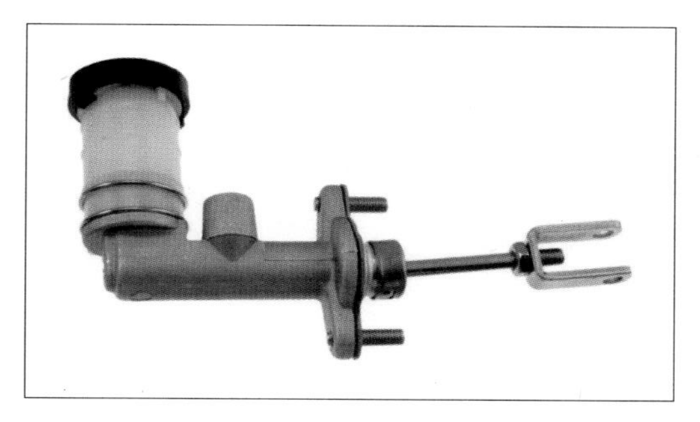

[그림 10] **마스터 실린더**

[11] 릴리스 실린더(Release Cylinder, 슬레이브 실린더)

릴리스 실린더는 마스터 실린더에서 보내준 유압을 피스톤과 푸시로드에 작용하여 릴리스 포크를 미는 작용을 한다.

[그림 11] **릴리스 실린더**

1.2. 수동변속기(MT : Manual Transmission)

속도나 엔진 회전수에 따라 변속 레버를 운전자가 손으로 바꾸는 변속기다. 변속기는 여러 개의 기어를 갖추어 그 맞물림을 변경하여 구동력(구동토크)과 회전 속도를 변화시킨다. 입력축 기어가 작고 출력축 기어가 큰 저단 기어는 구동 토크가 크고 출력 회전수가 느리며, 입력축 기어가 크고 출력축 기어가 작은 고단 기어는 구동 토크가 작고 회전 속도가 빠르다.

[그림 12] **수동변속기**

[1] 클러치 허브(Clutch Hub)

클러치 허브는 안쪽에 있는 스플라인에 의해 변속기 주축의 스플라인에 고정되어 주축의 회전속도와 동일한 회전을 하며, 바깥둘레에는 스플라인을 통하여 클러치 슬리브가 설치되어 있다.

[그림 13] **클러치 허브**

[2] 클러치 슬리브(Clutch Sleeve)

클러치 슬리브는 바깥둘레에는 시프트 포크(shift fork)가 끼워지는 홈이 파져 있고, 안쪽의 스플라인을 통해 클러치 허브에 끼워져 변속레버의 작동에 의해서 앞・뒤로 미끄럼 운동을 하여, 싱크로나이저 키를 싱크로나이저 링 쪽으로 밀어줌으로써 주축 기어와 주축을 연결하거나 차단하는 작용을 한다.

[그림 14] **클러치 슬리브**

[3] 싱크로나이저 링(Synchronizer Ring)

싱크로나이저 링은 주축 기어의 원뿔 부분(cone)에 끼워져 있으며, 기어를 변속할 때 시프트 포크가 클러치 슬리브를 미끄럼 운동시키면 원뿔 부분과 접촉하여 클러치 작용을 한다.

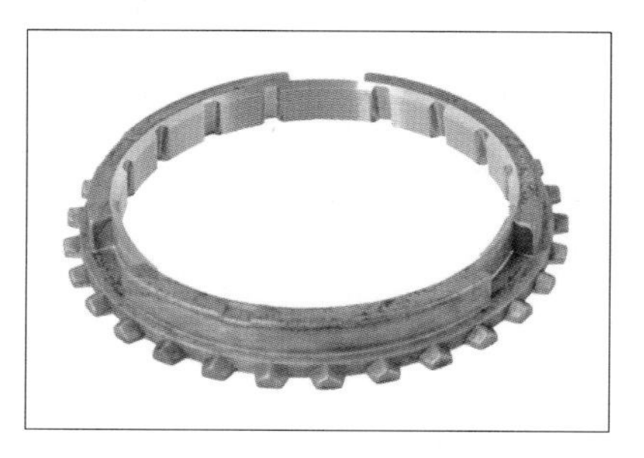

[그림 15] **싱크로나이저 링**

[4] 싱크로나이저 키(Synchronizer Key)

싱크로나이저 링에 끼워지며 클러치 슬리브를 고정시켜 기어 물림이 빠지지 않도록 한다.

[그림 16] 싱크로나이저 키

1.3. 듀얼 클러치 변속기(DCT : Dual Clutch Transmission)

자동화된 수동변속기에 클러치와 구동축이 2개가 되도록 설계한 장치이다. DCT라는 약칭이 많이 쓰인다.

[그림 17] 듀얼 클러치 변속기

1.4. 자동변속기(AT : Automatic Transmission)

자동변속기는 클러치 조작 기구를 조작하지 않아도 쉽게 운전할 수 있는 장치로, 운전자의 가속페달에 의해 엔진에서 발생한 동력을 자동으로 회전속도와 회전력을 변화시켜 바퀴를 구동하는 변속기이다.

[그림 18] **자동변속기**

[1] 토크 컨버터(Torque Converter)

토크 컨버터는 그 내부에 오일이 가득 채워져 있고 자동차의 주행저항에 따라 자동적, 연속적으로 구동력을 변환시킬 수 있다.

[그림 19] **토크 컨버터**

① **펌프 임펠러**(Pump Impeller)

엔진의 플라이휠과 기계적으로 물려서 돌아가는 부분으로, 펌프의 날개 사이에서 배출된 오일은 터빈의 날개를 치게 되므로 터빈을 회전시킨다.

[그림 20] **펌프 임펠러**

② **터빈 런너**(Turbine Runner)

터빈과 바퀴로 가는 동력축이 물려 있어서 펌프가 만들어 내는 유체의 흐름이 터빈을 돌려서 엔진의 동력을 동력축으로 전달하게 된다.

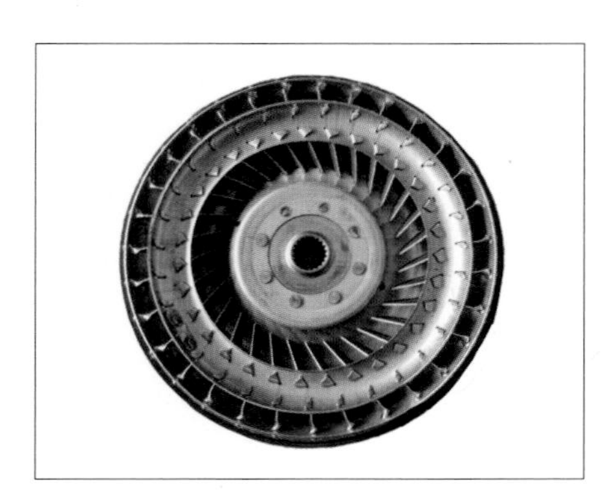

[그림 21] **터빈 런너**

③ **스테이터**(Stator)

스테이터의 역할은 터빈으로부터 되돌아오는 오일의 회전 방향을 펌프의 회전 방향과 같도록 바꾸어 주는 것이다.

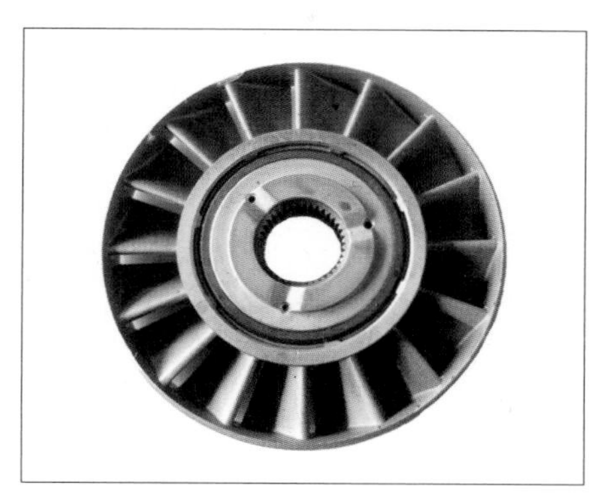

[그림 22] **스테이터**

④ **댐퍼 클러치**(Damper Clutch, 록업 클러치)

자동변속기의 토크 컨버터 내부의 유체 클러치를 플라이휠과 직결하여 유압에 의한 동력 손실을 방지한다.

[2] 유성기어(Planetary Gear)

유성기어장치는 토크 컨버터 뒷부분에 결합되어 있으며, 유압 제어장치에 의해 차의 주행상태에 따라 자동적으로 변속된다. 유성기어는 선기어, 링기어, 피니언기어와 캐리어로 되어 있으며, 입력 및 출력요소로서 선기어, 링기어, 캐리어를 사용한다.

즉, 변속을 하기 위해서는 선기어, 캐리어, 링기어의 3개 요소를 고정하거나 구동 또는 자유로 하여 직결, 감속, 증속, 역전 및 중립으로 할 수 있다.

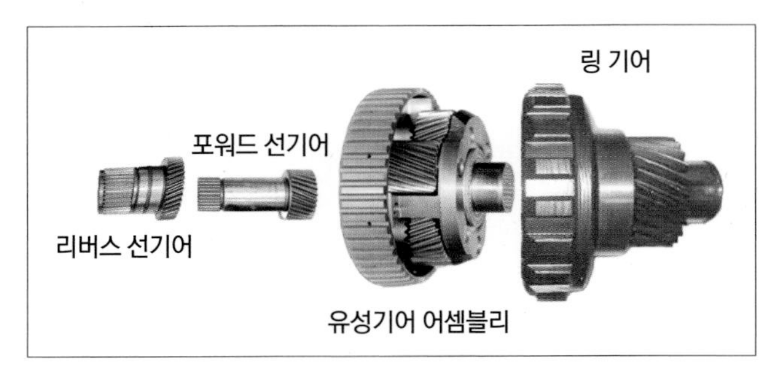

[그림 23] **유성기어**

① **포워드 선기어**(Forward Sun Gear) : 전진용 선기어이며, 리어 클러치 허브를 통하여 구동력이 전달되면 포워드 선기어는 숏 피니언을 구동한다.

② **리버스 선기어**(Reverse Sun Gear) : 후진용 선기어이며, 프론트 클러치 리테이너에 설치되어 프론트 클러치가 작동할 때 킥 다운 드럼의 중계로 구동력이 리버스 선기어에 전달되어 롱 피니언을 구동한다.

③ **유성 캐리어**(Planetary Carrier) : 유성 캐리어는 로 & 리버스 브레이크 허브 및 원웨이 클러치 아웃 레이스와 일체로 되어 있으며, 4단 자동변속기에서 엔드 클러치축의 중계로 엔드 클러치와 연결되어 있으며, 엔드 클러치가 작동될 때 구동력을 링기어로 전달한다.

④ **링기어**(Ring Gear or Annulus Gear) : 출력 플랜지와 연결되어 있으며, 출력 플랜지에 설치된 트랜스퍼 구동 기어로 구동력을 전달한다.

[3] 유압제어장치(Hydraulic Control Unit)

자동변속기는 유압제어장치에 의해 자동차의 주행속도에 따라 자동적으로 유성기어장치의 브레이크 밴드와 클러치를 결합시키기도 하고 해제하기도 한다.

① **오일 펌프**(Oil Pump)

오일 펌프는 유압제어장치의 유압 발생원으로 적당한 유압과 유량을 공급한다.

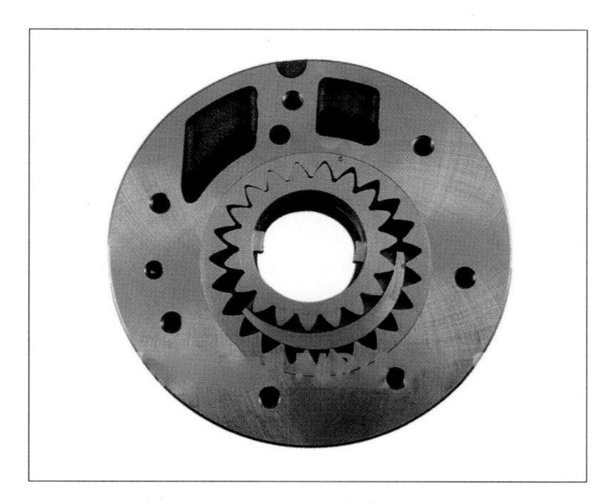

[그림 24] **오일 펌프**

② **밸브 바디**(Valve Body)

밸브 바디는 변속기 내부에 장착되어 있고, 밸브 바디는 자동변속기 제어의 중추적인 구성품이다. 오일 펌프에서 공급되는 유체를 제어하는 각종 밸브가 내장되어 있다.

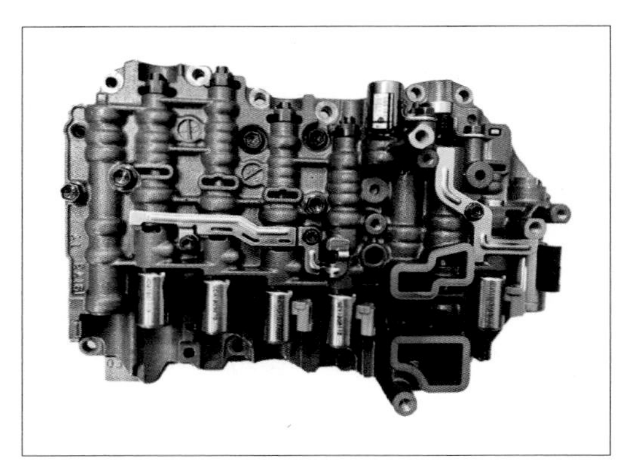

[그림 25] **밸브 바디의 구조**

[4] 변속레버(Shift Lever)

① **기계식 변속 레버**(SBC : Shift By Cable)

기계식 변속 레버의 작동은 운전자의 의지를 반영하는 변속 레버와 자동변속기에 장착된 인히비터 스위치를 연결하는 케이블에 의해 이루어진다.

[그림 26] **기계식 변속 레버**

② **전자식 변속 레버**(SBW : Shift By Wire)

전동식 전자식 변속 레버는 변속 버튼 또는 레버 조작 시 전기 신호에 따라 모터의 회전을 이용하여 P/R/N/D 변속을 가능하게 한다.

[그림 27] **전자식 변속 레버**

1.5. 무단 변속기(CVT : Continuously Variable Transmission)

무단 변속기란 연속적으로 가변시키는 장치이다. 무단 변속기의 최대 장점은 무단으로 변속을 실행하므로 변속기에서 발생할 수 있는 변속 충격 방지 및 연료 소비율 향상과 가속 성능이 우수한 점이다.

[그림 28] **무단 변속기**

1.6. 드라이브 라인(Drive Line)

드라이브 라인은 앞 엔진 뒷바퀴 구동(FR) 차량에서 변속기의 출력을 종감속 기어로 전달하는 부분이며, 슬립이음, 자재이음 및 추진축 등으로 구성되어 있다.

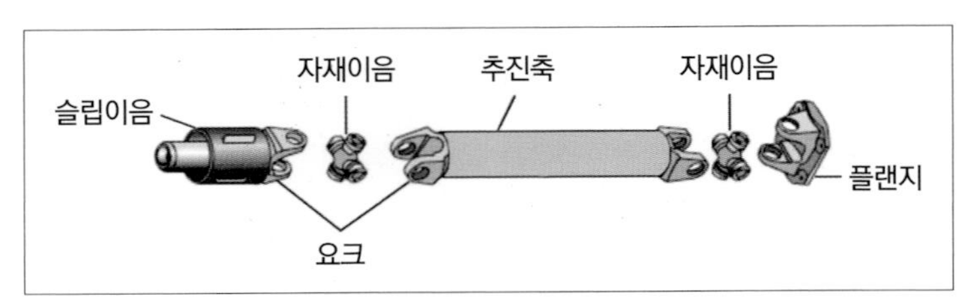

[그림 29] 드라이브 라인의 구성

1.7. 종감속 기어(Final Reduction Gear)

종감속 기어는 추진축의 회전력을 직각으로 전달하며, 엔진의 회전력을 최종적으로 감속시켜 구동력을 증가시킨다.

[그림 30] 종감속 기어

1.8. 자동 제한 차동장치(LSD : Limited Slip Differential)

자동 제한 차동기어장치는 슬립으로 공전하고 있는 바퀴의 동력을 감소시키고, 반대쪽의 저항이 큰 바퀴에 감소된 만큼의 동력이 더 전달되게 함으로써 슬립에 따른 공전 없이 주행할 수 있게 한다. 또한 미끄러운 노면에서 출발을 용이하게 하고, 타이어의 슬립을 방지하여 수명을 연장하며, 급가속할 때 안정성이 양호하다

[그림 31] 자동 제한 차동장치의 단면도

1.9. 4WD(4Wheel Drive)

4WD는 앞뒤 4바퀴에 모두 엔진의 동력을 전달하는 방식이다.

[그림 32] 4바퀴 구동장치의 구성

2. 현가장치(Suspension)

2.1. 판 스프링(Leaf Spring)

판 스프링은 보통 스프링 강을 적당히 구부린 띠 모양으로 된 것을 몇 장 겹쳐서 그 중심에서 센터볼트(center bolt)로 조인 것이다.

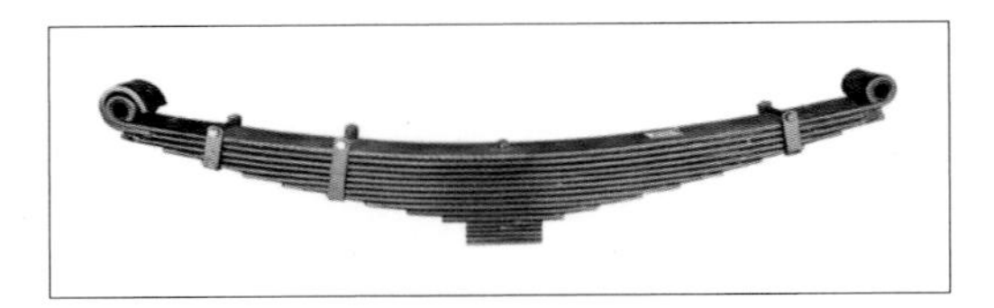

[그림 33] **판 스프링**

2.2. 코일 스프링(Coil Spring)

코일 스프링은 스프링 강을 코일 모양으로 제작한 것이며, 외부의 힘에 의해 변형되는 경우 판 스프링은 구부러지면서 응력을 받으나, 코일 스프링은 코일 1개 단면마다 비틀림에 의해 응력을 받는다.

[그림 34] **코일 스프링 종류**

2.3. 토션바 스프링(Torsion Bar Spring)

토션바는 금속봉을 비틀 때의 반발력을 이용한 용수철의 일종이다.

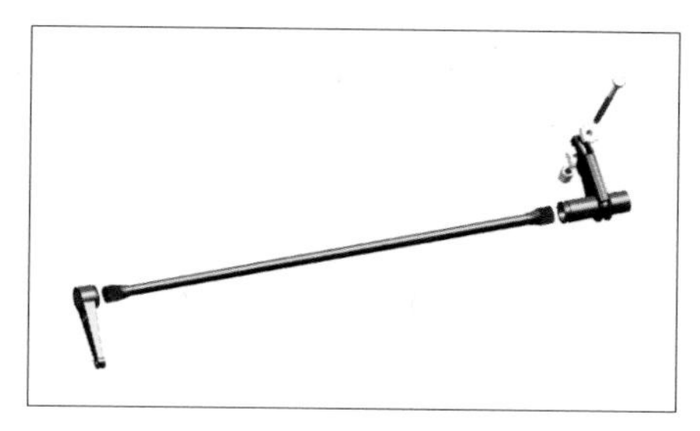

[그림 35] **토션바 스프링**

2.4. 쇽업소버(Shock Absorber)

쇽업소버는 도로면에서 발생한 스프링의 불필요한 진동을 흡수하여 스프링에 가해지는 피로를 줄이고, 차체를 빠르게 안정시켜 이를 통해 자동차의 주행 안정성을 확보하고 승차감을 향상시킨다.

[그림 36] **쇽업소버**

2.5. 스테빌라이저(Stabilizer)

스테빌라이저는 토션바 스프링의 일종이며, 양끝이 좌우의 컨트롤 암에 연결되며, 중앙 부분은 차체에 설치되어 커브길을 선회할 때 차체가 롤링(rolling : 좌우 진동)하는 것을 방지하며, 차체의 기울기를 감소시켜 평형을 유지하는 기구이다.

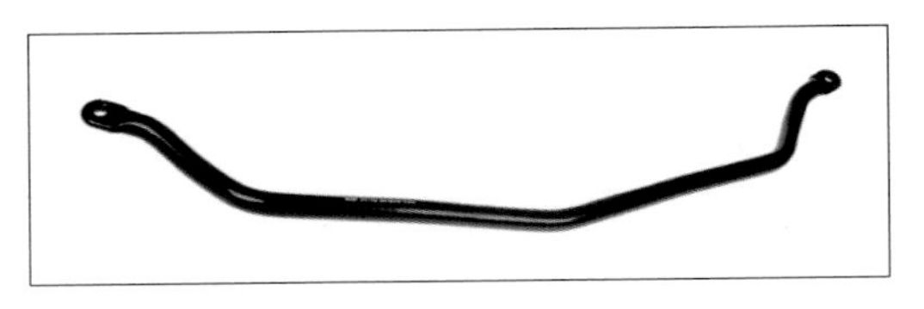

[그림 37] **스태빌라이저**

2.6. 현가방식

[1] 일체 차축 현가방식(Solid Axle Suspension)

일체 차축 현가방식은 일체로 된 차축에 양쪽 바퀴가 설치되고, 다시 이것이 스프링을 거쳐 차체에 설치된 형식이다.

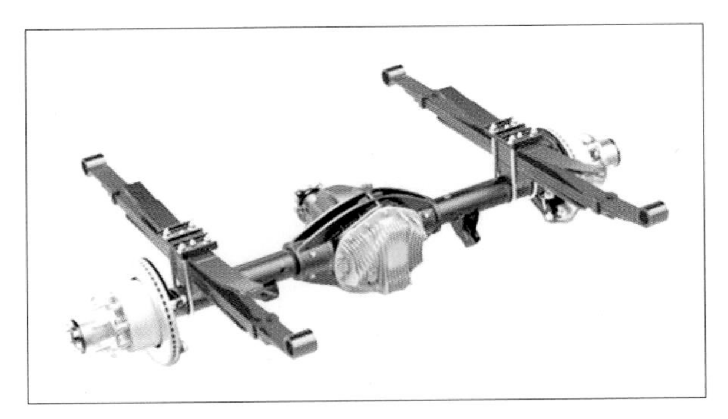

[그림 38] **일체 차축 현가방식**

[2] 독립 현가방식(Independent Suspension)

독립 현가방식은 차축을 분할하여 양쪽 바퀴가 서로 관계없이 움직이게 하며, 승차감각이나 안정성이 향상되게 하는 것으로서 위시본(Wishbone) 형식과 맥퍼슨(Macpherson) 형식이 있다.

[그림 39] 독립 현가방식

2.7. 공기 현가장치(Air Suspension)

공기 현가장치는 압축공기의 탄성을 이용한 것이며, 공기 스프링, 레벨링 밸브, 공기탱크, 공기 압축기로 구성되어 있다.

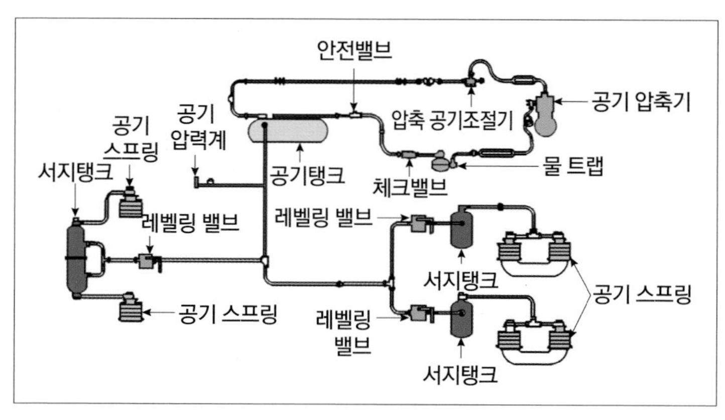

[그림 40] 공기 현가장치 구성도

① **공기 압축기**(Air Compressor) : 엔진의 크랭크축에 의해 V벨트로 구동되며, 압축공기를 생산하여 공기탱크로 보낸다.

② **서지탱크**(Surge Tank) : 공기 스프링 내부의 압력 변화를 완화하여 스프링 작용을 유연하게 해주는 것이며, 각 공기 스프링마다 설치되어 있다.

③ **공기 스프링**(Air Spring) : 공기 스프링에는 벨로즈형(Bellows Type)과 다이어프램형(Diaphragm Type)이 있으며, 공기탱크와 스프링 사이의 공기 통로를 조정하여 도로 상태와 주행속도에 가장 적합한 스프링 효과를 얻도록 한다.

④ **레벨링 밸브**(Leveling Valve) : 공기탱크와 서지탱크를 연결하는 파이프 도중에 설치된 것이며, 자동차의 높이가 변화하면 압축공기를 스프링으로 공급하거나 배출시켜 차량 높이를 일정하게 유지시킨다.

2.8. 전자제어 현가장치(ECS : Electronic Control Suspension System)

컴퓨터(ECU), 각종 센서, 액추에이터 등을 설치하고 노면의 상태, 주행 조건, 운전자의 선택 등과 같은 요소에 따라서 자동차의 높이와 현가 특성(스프링 정수 및 감쇠력)이 컴퓨터에 의해 자동적으로 조절되는 현가장치로, 급제동을 할 때 노스다운(Nose Down)을 방지하고, 급선회할 때 원심력에 대한 차체의 기울어짐을 방지한다. 노면으로부터의 차량 높이를 조절할 수 있어 노면의 상태에 따라 승차감각을 조절할 수 있다.

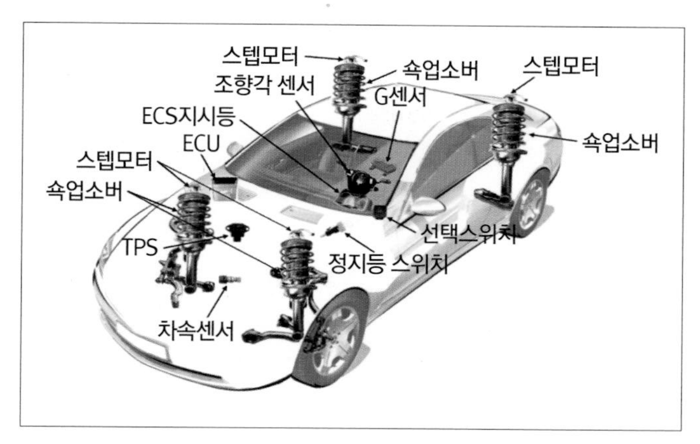

[그림 41] 전자제어 현가장치의 구성

[1] 전자제어 현가장치 입력요소

① **차속센서**(Speed Sensor)

변속기 주축이나 속도계(speed meter) 구동축에 설치되어 있으며, 자동차 주행속도를 검출하여 컴퓨터로 입력시킨다.

[그림 42] 차속센서

② **차고센서**(Height Sensor)

자동차 높이 변화에 따른 바디(Body, 차체)와 차축의 위치를 검출하여 컴퓨터로 입력시키는 일을 하는 것이다.

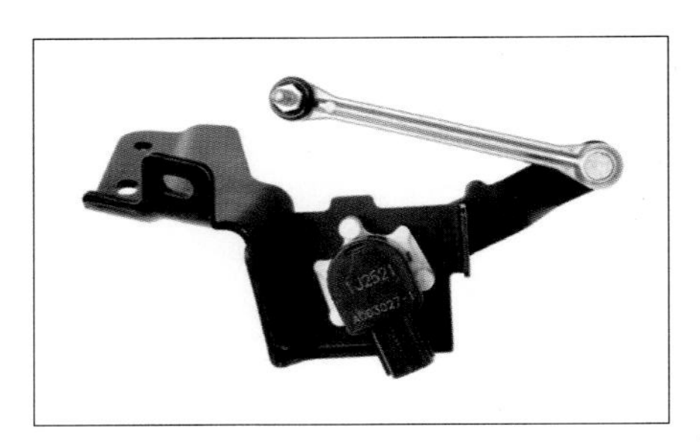

[그림 43] **차고센서**

③ **스로틀 위치센서**(TPS : Throttle Position Sensor)

엔진의 급가속 및 감속 상태를 검출한다.

④ **조향핸들 각 속도센서**(Steering Wheel Angle Speed Sensor)

조향핸들의 조작 정도를 검출하는 것으로, 2개의 광 단속기와 1개의 디스크로 구성되어 있다.

[그림 44] **조향핸들 각 속도센서**

⑤ **G센서**(Gravity Sensor, 가속도센서)

G센서는 자동차 선회 시 G센서 내부의 철심이 자동차가 기울어진 쪽으로 이동하면서 유도되는 전압이 변화되는데, ECU는 유도되는 전압의 변화량을 검출한다.

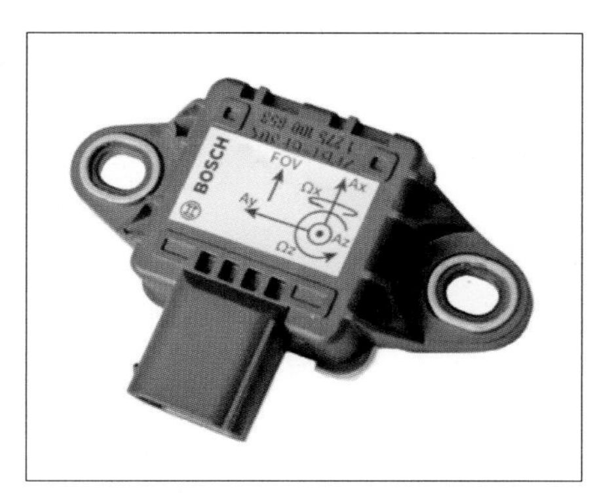

[그림 45] **G센서(가속도센서)**

⑥ **뒤 압력센서**(Rear Pressure Sensor)

뒤 압력센서는 뒤쪽 쇽업소버 내의 공기압력을 검출하는 역할을 한다.

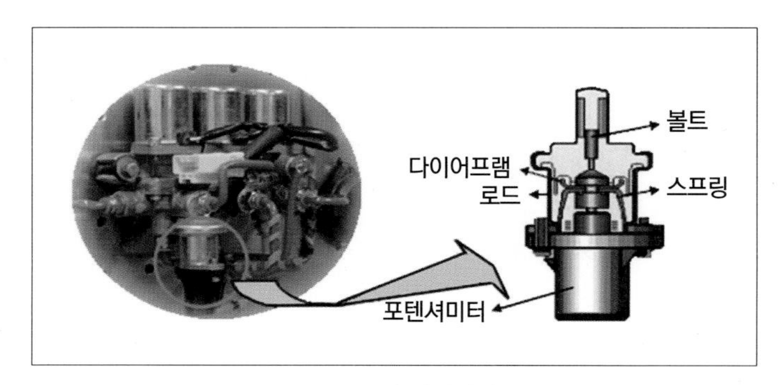

[그림 46] **뒤 압력센서**

[2] 전자제어 현가장치 출력요소

① 스텝모터(Step Motor)

스텝모터는 각각의 쇽업소버 위쪽에 설치되며, ECU의 신호로 작동된다. 스텝모터가 회전하여 스텝모터와 연결된 컨트롤 로드(control rod)가 회전하면서 쇽업소버 내부의 오일회로가 크게 변화되어 감쇠력이 가변된다.

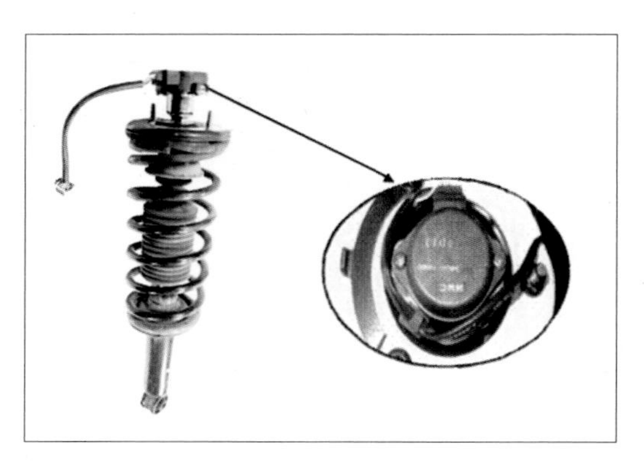

[그림 47] 스텝모터

3. 조향장치(Steering System)

조향장치는 자동차의 진행 방향을 운전자가 의도하는 바에 따라서 임의로 조작할 수 있는 장치이며, 조향핸들을 조작하면 조향 기어에 그 회전력이 전달되며, 조향 기어에 의해 감속하여 앞바퀴의 방향을 바꿀 수 있도록 되어 있다.

3.1. 조향장치 조작기구

[1] 조향휠(Steering Wheel, 조향핸들)

조향휠은 림(Rim), 스포크(Spoke) 및 허브(Hub)로 구성되어 있으며, 조향축에 테이퍼(taper)나 세레이션(serration) 홈에 끼우고 너트로 고정시킨다.

[그림 48] **조향핸들**

[2] 조향축(Steering Shaft)

조향축은 조향핸들의 회전을 조향 기어의 웜(worm)으로 전하는 축이며, 웜과 스플라인을 통하여 자재이음으로 연결되어 있다.

[3] 조향기어 박스(Steering Gear Box)

조향기어는 조향 조작력을 증대시켜 앞바퀴로 전달하는 장치이다.

[그림 49] **조향기어 박스**

[4] 피트먼 암(Pitman Arm)

조향핸들의 움직임을 일체 차축방식의 조향 기구에서는 드래그 링크로, 독립 차축방식의 조향기구에서는 센터 링크로 전달한다.

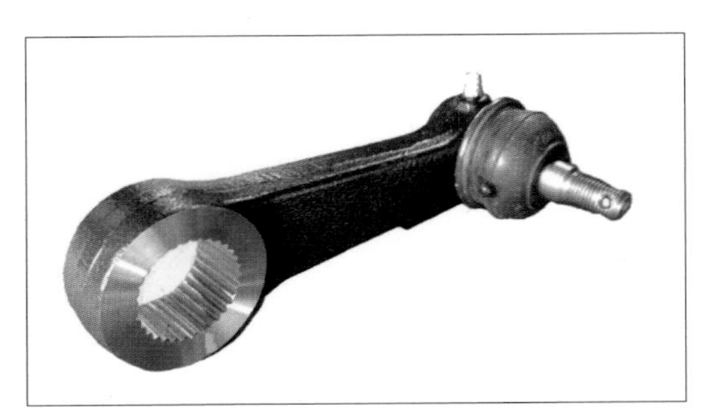

[그림 50] **피트먼 암**

[5] 드래그 링크(Drag Link)

일체 차축방식 조향기구에서 피트먼 암과 조향 너클 암(제3암)을 연결하는 로드이다.

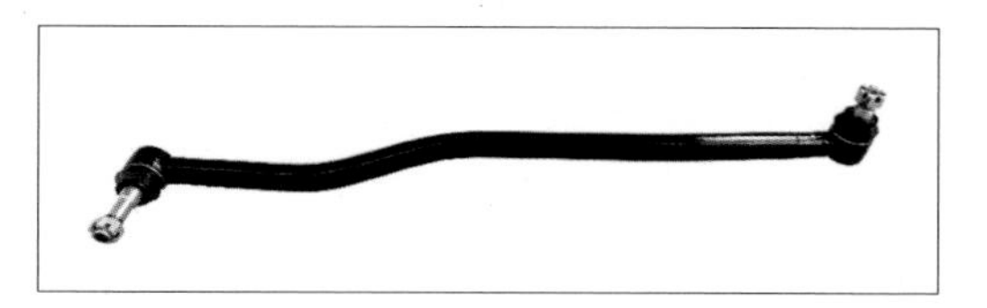

[그림 51] 드래그 링크

[6] 센터 링크(Center Link)

독립 차축방식 조향기구에서 피트먼 암과 볼 이음을 통하여 연결되며, 작동은 조향핸들을 회전시키면 피트먼 암으로부터의 힘을 타이로드로 전달한다. 그러나 래크와 피니언 형식의 조향 기어박스를 사용하는 독립 차축방식에서는 센터 링크를 두지 않아도 된다.

[7] 타이로드(Tie-Rod)

볼-너트 형식의 조향 기어박스를 사용하는 독립 차축 방식 조향 기구에서는 센터 링크의 운동을 양쪽 너클 암으로 전달한다.

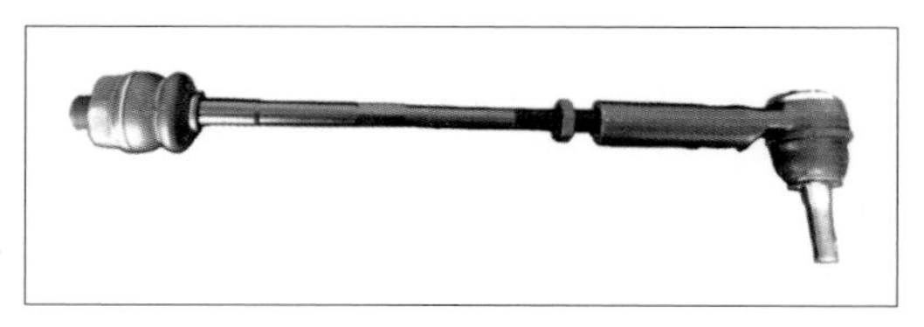

[그림 52] 타이로드

[8] 너클 암(Knuckle Arm, 제3암)

일체 차축방식 조향기구에서 드래그 링크의 운동을 조향 너클에 전달하는 기구이다.

[9] 킹핀(King Pin)

일체 차축방식 조향기구에서 앞차축에 대해 규정의 각도(킹핀 경사각)를 두고 설치되어, 앞차축과 조향너클을 연결하며 고정 볼트에 의해 앞차축에 고정되어 있다.

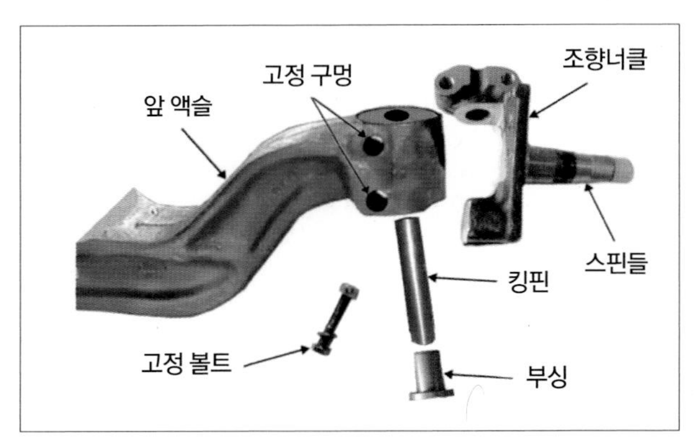

[그림 53] **킹핀**

3.2. 동력 조향장치(Power Steering System)

엔진의 동력으로 오일 펌프를 구동하여 발생한 유압을 이용하는 동력 조향장치를 설치하여 조향핸들의 조작력을 경감시키는 장치이다.

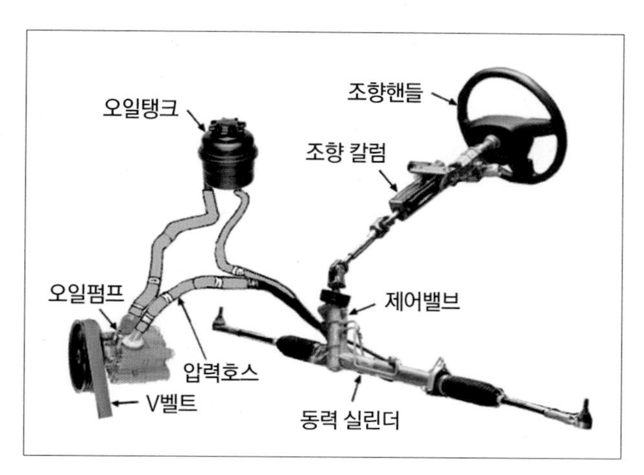

[그림 54] **동력 조향장치**

[1] 오일 펌프(Oil Pump)

오일 펌프는 유압을 발생하며 엔진의 크랭크축에 의해 V벨트를 통하여 구동된다.

[그림 55] **오일 펌프**

[2] 동력 실린더(Power Cylinder)

오일펌프에서 발생한 오일을 피스톤에 작용시켜서 조향 방향 쪽으로 힘을 가해 주는 장치이다.

[3] 제어밸브(Control Valve)

제어밸브는 조향핸들의 조작력을 조절하는 기구이다.

[4] 안전 체크밸브(Safety Check Valve)

유압이 발생하지 못할 때 조향핸들의 조작을 수동으로 할 수 있도록 해주는 밸브이다.

3.3. 전동식 동력 조향장치(MDPS : Motor Driven Power Steering)

스티어링휠에 연결된 센서를 통해 감지된 신호가 차량의 속도 등을 고려하여 알맞게 모터를 작동시킴으로써 차량의 방향 전환 능력을 보조하는 장치이다.

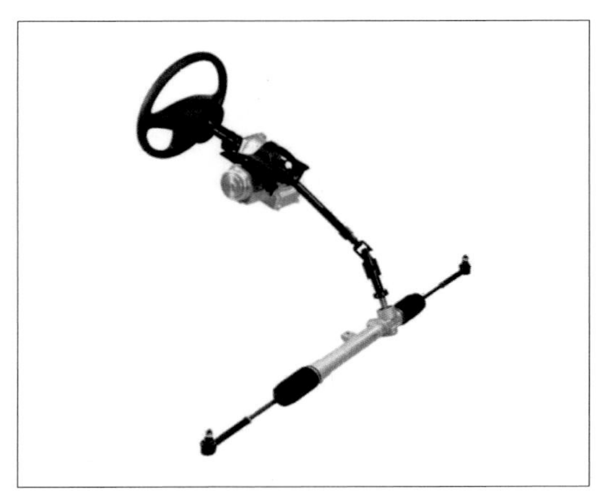

[그림 56] 전동형 동력 조향장치의 기본 구성

3.4. 휠 얼라인먼트(Wheel Alignment)

① **캠버**(Camber) : 자동차를 앞에서 보면 그 앞바퀴가 수직선에 대해 어떤 각도를 두고 설치되어 있는 상태

② **캐스터**(Caster) : 자동차의 앞바퀴를 옆에서 보면 조향 너클과 앞차축을 고정하는 조향축(일체 차축 방식에서는 킹핀)이 수직선과 어떤 각도를 두고 설치되어 있는 상태

③ **토우**(Toe) : 앞바퀴를 위에서 보았을 때 앞으로 향하고 있는 타이어의 거리가 뒤쪽보다 좁은 경우를 토인(toe-in), 넓은 경우를 토아웃(toe-out)이라 한다.

④ **킹핀 경사각**(King Pin Angle) : 자동차를 앞에서 보면 독립 차축 방식에서의 위아래 볼 이음(또는 일체 차축방식의 킹핀)의 중심선이 수직에 대하여 어떤 각도를 두고 설치되는데, 이를 조향축 경사(또는 킹핀 경사)라고 한다.

⑤ **선회할 때의 토아웃**(Toe-Out on Turning) : 자동차가 선회할 때 애커먼 장토식의 원리에 따라 모든 바퀴가 동심원을 그리려면 안쪽 바퀴의 조향각이 바깥쪽 바퀴의 조향각보다 커야 한다.

⑥ **셋백**(Set Back) : 셋백은 앞뒤 차축의 평행도를 나타내는 것

⑦ **스러스트 각도**(Thrust Angle) : 자동차 중심선과 바퀴의 진행선이 이루는 각도

4. 제동장치(Brake System)

제동장치는 주행 중인 자동차를 감속 또는 정지시키고, 주차 상태를 유지하기 위하여 사용되는 매우 중요한 장치이다.

4.1. 유압 브레이크 구조

[1] 브레이크 페달(Brake Pedal)

브레이크 페달은 조작력을 경감시키기 위해 지렛대 원리를 이용하며, 펜던트형 브레이크 페달과 플로워형 브레이크 페달이 있다.

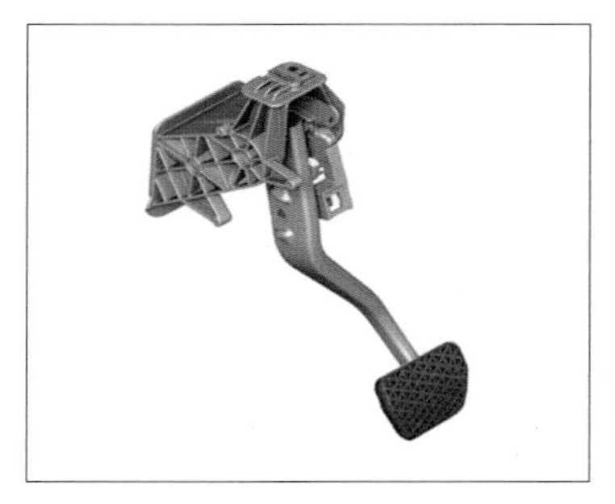

(a) 펜던트형 브레이크 페달

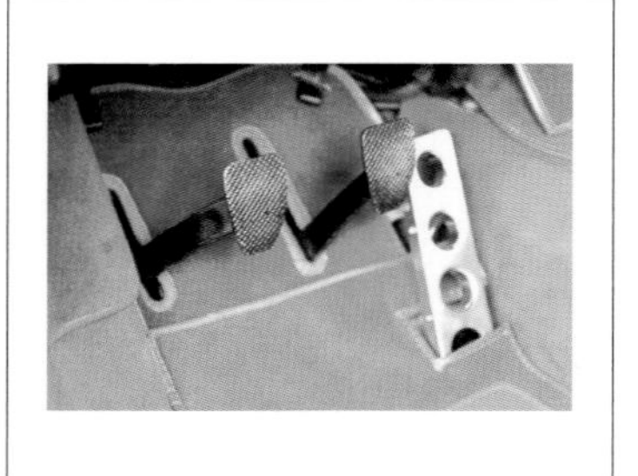

(b) 플로워형 브레이크 페달

[그림 57] 브레이크 페달

[2] 마스터 실린더(Master Cylinder)

마스터 실린더는 브레이크 페달을 밟는 것에 의하여 유압을 발생시킨다.

[그림 58] **탠덤 마스터 실린더**

[3] 파이프(Pipe)

브레이크 파이프는 강철제 파이프와 플렉시블 호스를 사용한다.

[4] 휠 실린더(Wheel Cylinder)

휠 실린더는 마스터 실린더에서 압송된 유압에 의하여 브레이크 슈를 드럼에 압착시키는 일을 한다.

[그림 59] **휠 실린더**

[5] 브레이크 슈(Brake Shoe)

브레이크 슈는 휠 실린더의 피스톤에 의해 드럼과 접촉하여 제동력을 발생하는 부분이며, 라이닝이 리벳이나 접착제로 부착되어 있다.

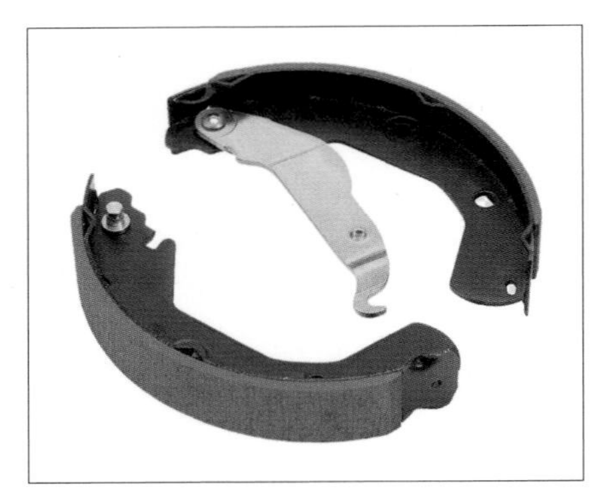

[그림 60] 브레이크 슈

[6] 브레이크 드럼(Brake Drum)

브레이크 드럼은 휠 허브에 볼트로 설치되어 바퀴와 함께 회전하며, 슈와의 마찰로 제동을 발생시키는 부분이다.

[그림 61] 브레이크 드럼

4.2. 디스크 브레이크(Disc Brake)

디스크 브레이크는 마스터 실린더에서 발생한 유압을 캘리퍼로 보내어 바퀴와 함께 회전하는 디스크를 양쪽에서 패드(pad, 슈)로 압착시켜 제동을 시킨다.

[그림 62] **디스크 브레이크**

4.3. 배력 브레이크 하이드로 백(Hydro-Vac)

흡기다기관 진공과 대기압력과의 차이를 이용한 것이므로, 배력 장치에 이상이 발생하여도 일반적인 유압 브레이크로 작동할 수 있도록 하고 있다.

[그림 63] **배력 브레이크 하이드로 백**

4.4. 공기 브레이크(Air Brake)

공기 브레이크는 압축공기의 압력을 이용하여 모든 바퀴의 브레이크 슈를 드럼에 압착시켜서 제동 작용을 한다.

[1] 공기 압축기(Air Compressor)

이것은 기관의 크랭크축에 의해 V벨트로 구동되며, 압축공기를 생산한다. 공기 입구 쪽에는 언로더밸브가 설치되어 있어 압력 조정기와 함께 공기 압축기가 과다하게 작동하는 것을 방지하고, 공기탱크 내의 공기 압력을 일정하게 조정한다.

[그림 64] **공기 압축기**

[2] 압력 조정기(Pressure Regulator)와 언로더밸브(Unloader Valve)

압력 조정기는 공기탱크에 설치되어 공기탱크 내의 압력이 5~7kgf/cm^2 이상 되면 공기탱크에서 공기 입구로 들어온 압축공기가 스프링 장력을 이기고 밸브를 밀어 올린다. 이에 따라 압축 공기는 공기 압축기의 언로더밸브 위쪽에 작동하여 언로더밸브를 내려 밀어 열기 때문에 흡입밸브가 열려 공기 압축기 작동이 정지된다. 또 공기탱크 내의 압력이 규정값 이하가 되면 언로더밸브가 제자리로 복귀되어 공기 압축 작용이 다시 시작된다.

[3] 공기리시버 탱크(Air Receiver Tank)

공기리시버 탱크는 공기 압축기에서 보내온 압축 공기를 저장한다.

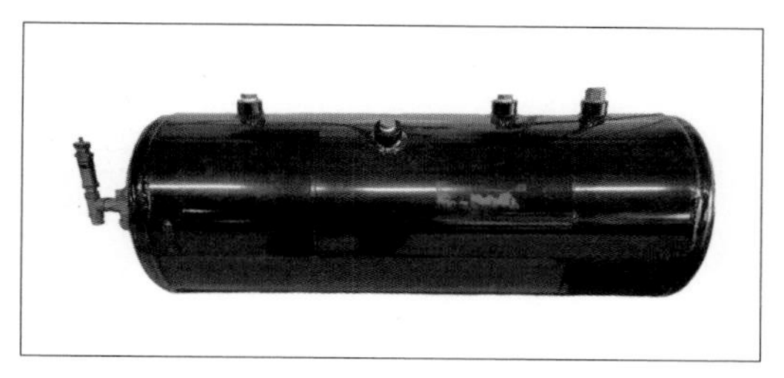

[그림 65] 공기리시버 탱크

[4] 브레이크밸브(Brake Valve)

이 밸브는 페달에 의해 개폐되며, 페달을 밟는 양에 따라 공기탱크 내의 압축 공기를 도입하여 제동력을 조절한다.

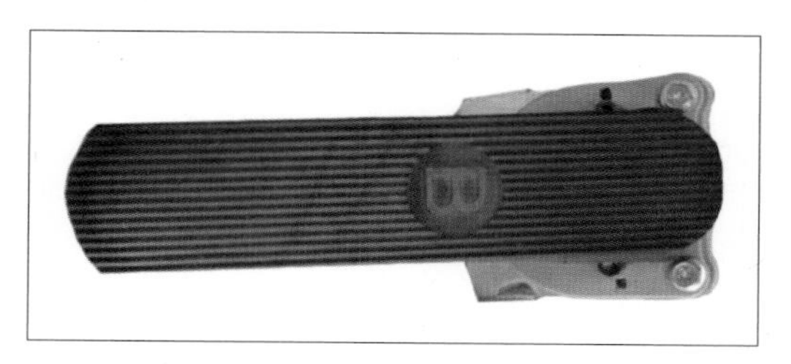

[그림 66] 브레이크밸브

[5] 퀵 릴리스밸브(Quick Release Valve)

이 밸브는 페달을 밟으면 브레이크밸브로부터 압축 공기가 입구를 통하여 작동되면 밸브가 열려 앞브레이크 체임버로 통하는 양쪽 구멍을 연다.

[그림 67] 퀵 릴리스밸브

[6] 릴레이밸브(Relay Valve)

이 밸브는 페달을 밟아 브레이크밸브로부터 공기 압력이 작동하면 다이어프램이 아래쪽으로 내려가 배기밸브를 닫고, 공급밸브를 열어 공기탱크 내의 공기를 직접 뒤 브레이크 체임버로 보내어 제동시킨다.

[7] 브레이크 체임버(Brake Chamber)

브레이크 체임버는 페달을 밟아 브레이크밸브에서 조절된 압축 공기가 체임버 내로 유입되면 캠을 회전시켜 브레이크 슈가 확장하여 드럼에 압착되어 제동을 한다.

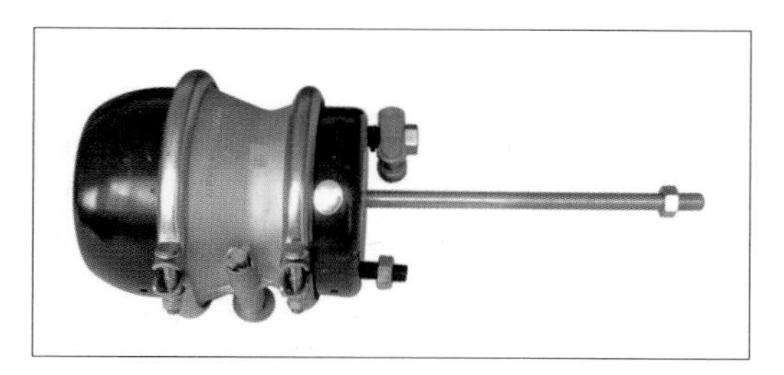

[그림 68] 브레이크 체임버

4.5. ABS(Anti Lock Brake System)

ABS는 바퀴의 고착 현상을 미연에 방지하여 최적의 점착력을 유지하므로 사전에 사고의 위험성을 감소시키는 예방 안전장치이다.

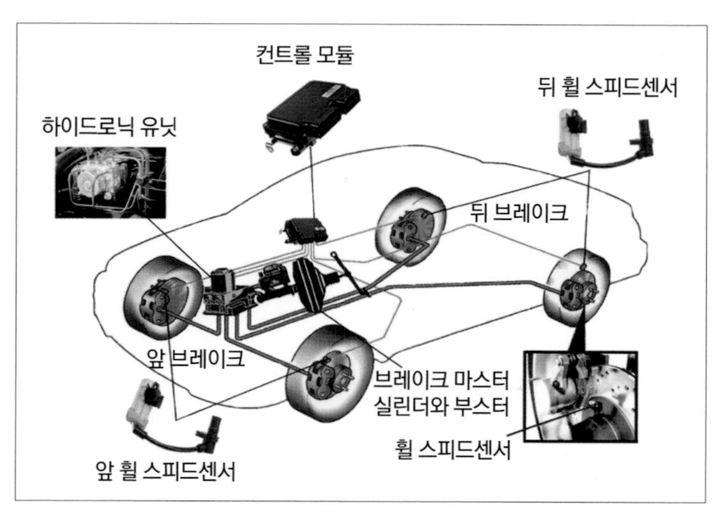

[그림 69] ABS의 기본 구성도

[1] 휠 스피드센서(Wheel Speed Sensor)

휠 스피드센서는 각각의 회전속도를 검출한다.

[그림 70] 휠 스피드센서

[2] G-센서(G sensor)

자동차 앞뒤 방향의 가속도를 검출하였을 때 전압 차이에 대응하는 신호를 컴퓨터로 입력시킨다.

[3] 하이드로릭 유닛(Hydraulic Unit)

컴퓨터 제어 신호에 의해서 각 휠 실린더로 가는 유압을 조절하여 바퀴의 회전상태를 제동 제어한다.

[그림 71] 하이드로릭 유닛

4.6. BAS(Brake Assist System)

BAS는 브레이크 보조장치를 말하며, 자동차가 비상상태일 때 갑작스러운 브레이크 작동을 보정해 준다. 자동차의 상태가 비상 브레이크 상태임을 파악하면 브레이크 진공부스터의 모든 동력을 모아서 즉시 유압이 가해질 수 있도록 만든 것이다.

[그림 72] 전자식 BAS

4.7. EBD(Electronic Brake-Force Distribution Control)

유압을 전자 제어하여 급제동에서 스핀을 방지할 수 있도록 뒷바퀴와 앞바퀴를 동일하게 제어하거나 또는 뒷바퀴가 늦게 고착되도록 ABS의 컴퓨터가 제어하는 방식을 EBD(전자 제동력 분배제어)라 한다.

5. 주행 및 구동장치

5.1. 휠(Wheel)

휠은 타이어를 지지하는 림(rim)과 휠을 허브에 지지하는 디스크(disc)로 되어 있으며, 타이어는 림 베이스(rim base)에 끼워진다.

[그림 73] 림

5.2. 타이어(Tire)

타이어는 휠과 함께 차량의 하중을 지지하고, 제동 및 주행할 때의 회전력, 노면에서의 충격, 선회할 때의 원심력, 차량이 경사졌을 때의 옆 방향 작용을 지지한다.

[그림 74] 타이어

5.3. TPMS(Tire Pressure Monitoring System)

타이어 공기압 경보장치 TPMS는 안전운행에 영향을 줄 수 있는 타이어 압력 변화를 경고하기 위해, 타이어 내부의 휠에 탑재된 개별 센서로부터 타이어 내부압력을 측정하여 이를 실시간 무선송신하고, 수신 모듈에서 압력저하 감지 시 이를 클러스터에 표시하여 운전자에게 경고해주는 시스템이다.

[그림 75] TPMS

5.4. TCS(Traction Control System)

엔진의 출력을 저하시키거나, 구동 바퀴에 브레이크를 걸든지 하여 바퀴와 노면과의 슬립률을 최적인 값으로 유지하는 제어를 하여, 구동바퀴가 스핀하지 않도록 최적의 구동력을 얻는 것이 TCS(구동력 제어장치)이다. 도로와 바퀴의 마찰계수의 관계는 TCS에서도 마찬가지로 취급한다. 즉, 슬립률이 15~20%으로 되도록 구동력을 제어한다.

5.5. 차체자세제어장치(VDC : Vehicle Dynamic Control)

VDC는 EPS(Electronic Stability Program)라고도 부르며, 스핀(spin) 또는 언더 스티어링(under steering) 등의 발생을 억제하여 이로 인한 사고를 미연에 방지하는 장치이다.

5.6. IEB(Integrated Electronic Brake : 통합형 전동 브레이크)

운전자가 브레이크를 밟는 힘을 브레이크액을 통해 전달하는 기존의 유압식과 달리 전동식 시스템은 전동모터로 직접 전달하기 때문에 제어 성능이 더 높다.

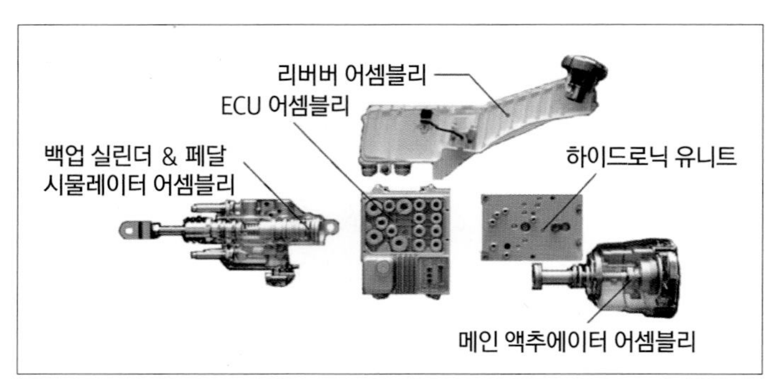

[그림 76] IEB(통합형 전동 브레이크) 구조

5.7. 전자식 주차 브레이크(EPB : Electronic Parking Brake)

전자식 주차 브레이크는 모터 구동방식으로, 운전자가 직접 주차 브레이크를 작동하던 일을 전자식으로 제어하는 자동화된 주차 브레이크 방식으로 버튼식으로 동작한다.

[그림 77] 전자 주차 브레이크

3장
자동차 전기
[AUTOMOTIVE ELECTRIC]

1. 축전지(Battery)

축전지는 전극의 작용물질과 전해액이 가지는 화학적 에너지를 전기적 에너지로 변환시키는 역할(방전)을 하며, 반대로 전기적 에너지를 공급하면 다시 화학적 에너지로 변환(충전)된다.

[그림 1] 내연기관 축전지

1.1. 납산 배터리(Lead-Acid Battery)

[1] 극판(Plate)

극판에는 양극판과 음극판이 있으며 격자(Grid)에 납 분말이나 산화납을 묽은 황산으로 반죽하여 양극판은 과산화납(PbO_2)으로, 음극판은 해면상납(Pb)으로 한 것이다.

[2] 격리판(Separator)

양극판과 음극판 사이에 설치되어 극판 단락을 방지한다.

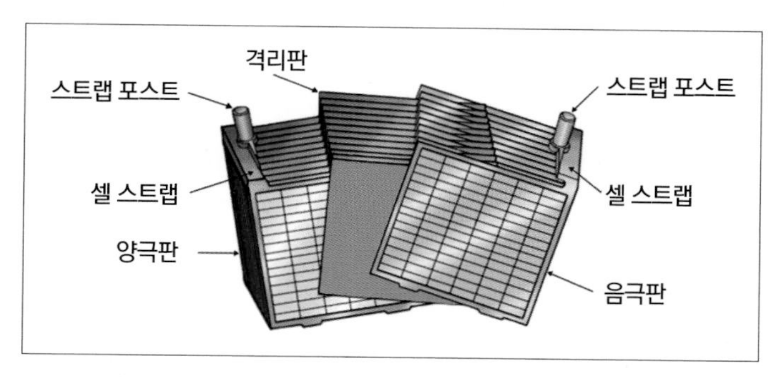

[그림 2] 극판의 구조

[3] 커버(Cover)와 케이스(Case)

커버와 케이스는 플라스틱으로 제작하며 접착제로 접착하여 기밀을 유지한다.

[4] 단자(Terminal Post)

단자는 납 합금이며, 외부 회로와 확실하게 접속되도록 하기 위해 테이퍼(taper)되어 있다. 양극단자(Positive Post)과 음극단자(Negative Post)에는 문자, 색깔 및 크기 등으로 표시하여 잘못 접속되는 것을 방지하고 있다.

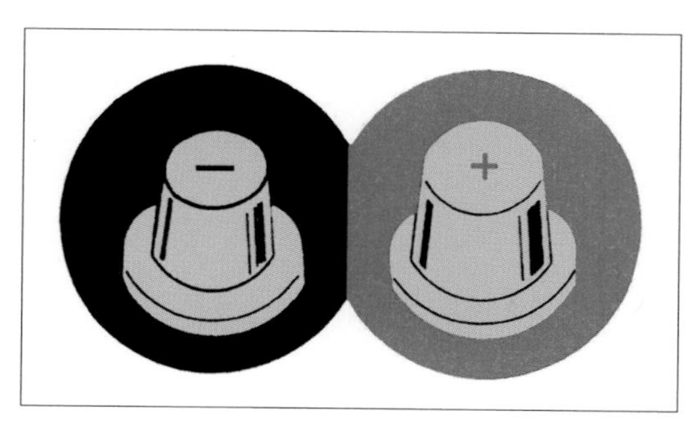

[그림 3] 단자와 접지 단자

[5] 전해액(Electrolyte)

전해액은 순도가 높은 묽은 황산(H_2SO_4)을 사용한다. 전해액은 극판과 접촉하여 충전할 때에는 전류를 저장하고, 방전될 때에는 전류를 발생시켜 준다.

1.2. MF 축전지(Maintenance Free Battery)

MF 축전지 격자의 재질은 안티몬 함량이 적은 납-저 안티몬 합금이나 납-칼슘 합금으로 자기방전 비율이 매우 적고, 장기간 보관이 가능하며, 전해액의 증류수를 보충하지 않아도 되는 방법으로는 전기분해할 때 발생하는 산소와 수소가스를 촉매를 사용하여 다시 증류수로 환원시키는 촉매 마개를 사용하고 있다.

1.3. AGM 배터리(Absorbent Glass Mat Battery)

배터리 내에 AGM이라는 흡수성 유리 섬유 격리판에 전해액을 흡수함으로써 전해액을 비유동적으로 조절하며, 배터리 상단에 밸브를 적용하여 충전 중 발생한 가스가 전조 밖으로 빠져나가지 못하고, 방전 중에 재결합하여 전해액으로 다시 돌아가기 때문에 가스 방출을 최소화시켜 준다.

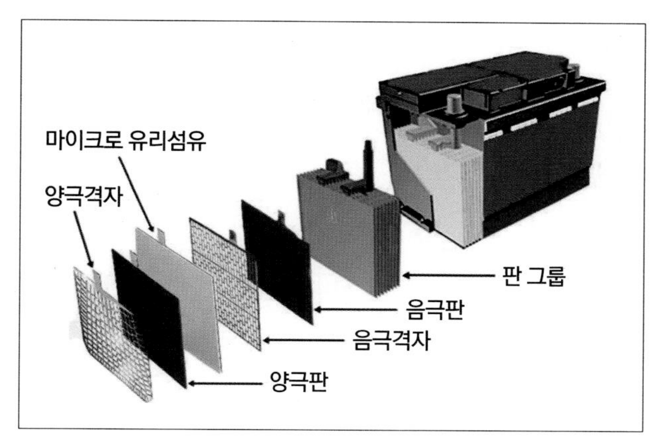

[그림 4] AGM 배터리 구조

1.4. 배터리센서(IBS : Intelligent Battery Sensor)

배터리 상태(충전 상태, 노화 상태, 시동 능력 등)를 계산한 후 엔진 ECU로 전송하여 최종적으로 연비 향상을 위한 발전제어 시스템으로 ISG(Idle Stop &Go) 시스템에 적용되는 부품이다.

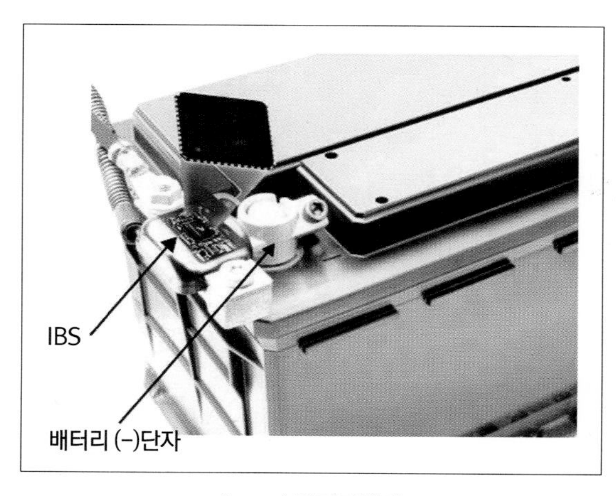

[그림 5] 배터리센서

2. 기동전동기(Starting Motor)

내연기관은 자기 기동(Self-Starting)을 하지 못하므로 별도의 기동전동기에 의해 시동되어야만 한다.

[그림 6] 기동전동기

2.1. 전기자(Armature)

회전력을 발생하며 축, 철심, 전기자 코일, 정류자로 구성되어 있다.

2.2. 계철(York)

원통형의 전동기 틀로 자력선의 통로 역할을 한다.

2.3. 계자철심(Field Iron Core)

계자코일이 감겨 있으며 계자코일을 지지함과 동시에 전류가 흐르면 전자석이 된다.

2.4. 계자코일(Field Coil)

계자철심에 전류가 흐르면 계자철심을 자화시키는 역할을 한다.

2.5. 브러시(Brush)

정류자와 접촉되어 전기자 코일에 전류를 유・출입시키는 역할을 한다.

2.6. 브러시 홀더(Brush Holder)

브러시를 지지하며 브러시 스프링은 정류자에 브러시를 압착시키는 역할을 한다.

2.7. 오버런닝 클러치(Over Running Clutch)

자동차 엔진이 시동 후에도 피니언이 링기어와 맞물려 있으면 시동 모터가 파손되는데, 이를 방지하기 위해서 엔진의 회전력이 시동 모터에 전달되지 않게 한다.

2.8. 솔레노이드 스위치(Solenoid Switch)

전자석을 이용하여 전동기에 전원을 공급하는 역할을 한다.

[1] 풀인 코일(Pull In Coil)

플런저를 잡아당기는 역할을 하며 축전지와 직렬 접속되어 있다.

[2] 홀드인 코일(Holding Coil)

당겨진 플런저를 유지하는 역할을 하며 병렬로 접속되어 있다.

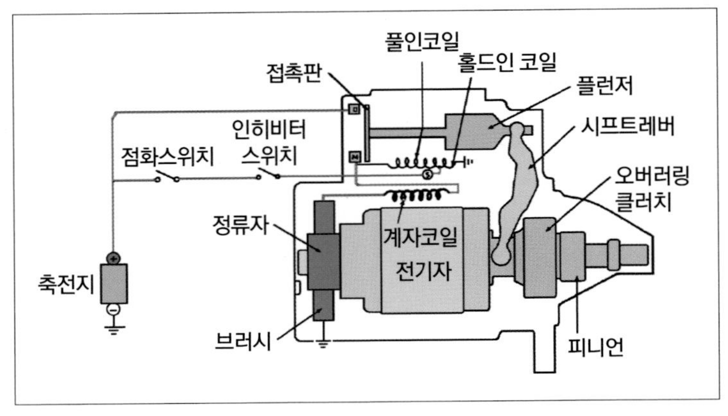

[그림 7] 기동전동기의 구조

3. 점화장치(Ignition Systems)

점화장치는 연소실에 설치된 점화플러그를 통하여 전기불꽃을 발생시켜서 혼합가스를 적정 시기에 연소시키는 장치이다.

3.1. 점화코일(Ignition Coil)

점화코일은 12V의 배터리 전압을 약 25,000~40,000V 정도까지의 점화전압으로 승압시킨다.

[그림 8] **점화코일**

3.2. 배전기(Distributor)

점화코일에서 유도된 고압전류를 엔진의 점화순서에 따라 각 실린더의 점화플러그에 분배하는 장치로, 단속기, 축전기, 점화 진각장치 등으로 구성되어 있다.

[그림 9] 배전기

3.3. 축전기(Condenser)

단속기 접점과 병렬로 연결되어 단속기 접점 사이의 불꽃을 흡수하여 접점의 소손을 방지한다.

[그림 10] 축전기

3.4. 점화플러그(Spark Plug)

점화플러그(spark plug)는 실린더 헤드에 설치되어 있으며, 실린더 내의 압축된 혼합가스에 고압 전기로 불꽃을 일으키는 역할을 한다.

[그림 11] **점화플러그의 구조**

3.5. 고압 케이블(High Tension Cable)

고압 케이블은 점화코일의 2차 단자와 점화플러그를 연결하는 절연전선이다.

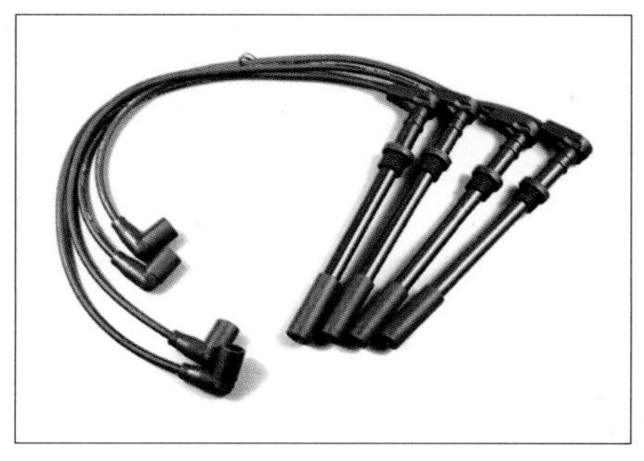

[그림 12] **고압 케이블**

3.6. 파워 트랜지스터(Power Transistor)

ECU의 신호에 의해 점화코일의 1차 회로에 흐르는 전류를 단속하여 2차 코일에 고전압이 발생되도록 하는 역할을 한다.

[그림 13] 파워 트랜지스터

4. 충전장치(Charging System)

자동차에 부착된 모든 전장부품은 발전기나 축전지로부터 전력을 공급받아 작동한다. 그러나 축전지는 방전량에 제한이 따르고, 엔진 시동을 위해 항상 완전 충전상태를 유지하여야 한다. 이를 위해 설치된 발전기를 중심으로 한 일련의 장치들을 충전장치라 한다.

4.1. 로터(Rotor)

로터는 자극을 형성한다. 코일에 여자 전류가 흐르면 N극과 S극이 형성되어 자화된다.

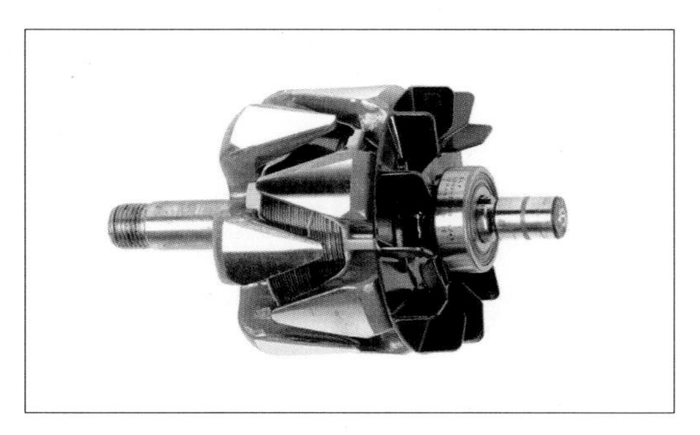

[그림 14] 로터

4.2. 스테이터(Stator)

스테이터에는 독립된 3개의 코일이 감겨 있고, 여기에서 3상 교류가 유도된다.

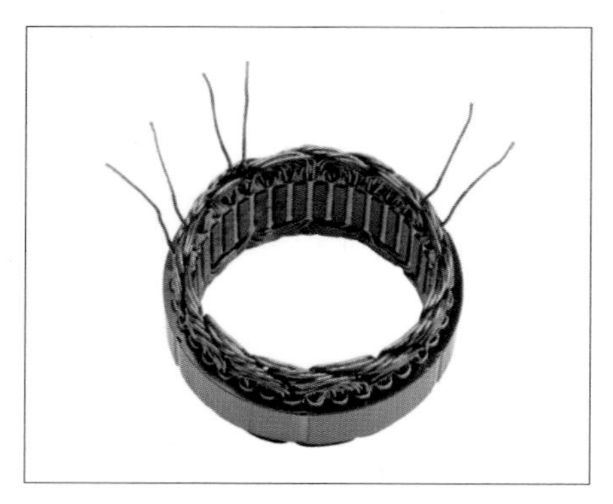

[그림 15] **스테이터**

4.3. 브러시(Brush)

브러시(Brush)는 브러시 홀더에 장착되어 레귤레이터에서 제어된 계자전류를 슬립링까지 전달하는 역할을 한다.

[그림 16] **브러시**

4.4. 정류기(Rectifier)

교류발전기에서는 실리콘 다이오드를 정류기로 사용한다. 교류발전기에서 다이오드의 기능은 스테이터 코일에서 발생한 교류를 직류로 정류하여 외부로 공급하고, 축전지에서 발전기로 전류가 역류하는 것을 방지한다.

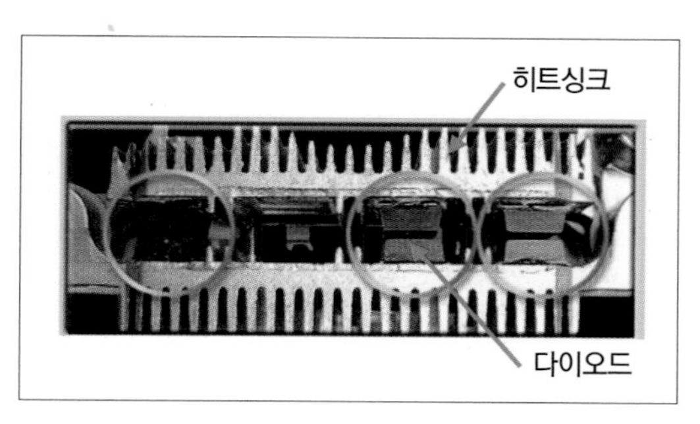

[그림 17] **정류기**

4.5. 전압조정기(Regulator)

레귤레이터는 발전기의 로터 코일에 흐르는 계자전류를 제어하여 발전기의 출력전압을 조정하는 역할을 한다.

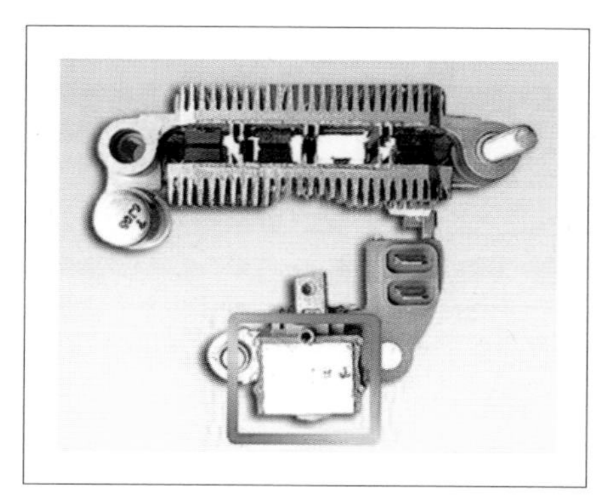

[그림 18] **전압조정기**

5. 등화장치(Lighting System)

5.1. 등화장치의 개요

차량용 등화장치는 단순히 조명을 목적으로 하는 기능뿐 아니라 신호 및 지시용으로 사용되는 기능성 안전장치로 차량의 주행안전성과 운행안전성에 있어서 중요한 역할을 하는 장치 중 하나이다. 특히 최근에 등화장치는 조명기술의 발전으로 등화 성능이나 편의성 기능을 갖춘 등화장치로서의 기능은 물론 현대인의 생활문화에 따라 미적인 감각이 우수한 LED(Light Emitting Diode)식 등화장치가 용도에 따라 폭넓게 적용되고 있다. 등화장치에 사용되는 전구의 종류는 진공관 내에 발열부를 내장한 필라멘트식(Filament Type) 램프, 전구의 밝기와 수명을 향상시키기 위한 가스관 램프, 화합물 반도체의 에너지 준위차를 이용한 LED식(Light Emitting Diode, 발광다이오드식) 램프가 사용되고 있다. 등화장치의 종류는 다음 표와 같다.

[자동차 등화장치의 종류]

구분	명칭	주요기능
조명용	전조등(Head Lamp) 주간주행등(Daytime Running Lamp/Lights) 후진등(Backward Light) 안개등(Fog Light) 실내등(Room Lamp)	상향등(High Beam) : 원거리 조명 하향등(Low Beam) : 근거리 조명 시동만 켜면 자동으로 켜지는 등화 후진 시에 후방 조명 비정상 기후(안개, 눈, 비) 차 실내조명
신호용	제동등(Brake Lamp) 방향지시등(Turn Signal Lamp) 비상등(Emergency Lamp)	주 제동장치 작동 중임을 알림 선회방향을 알림 비상상태 또는 경고의 표시
외부표시용	차폭등(Side Lamp) 차고등(Height Lamp) 후미등(Tail Lamp) 번호판등(License Plate Lamp) 주차등(Parking Lamp)	차체 폭 표시 차체 높이 표시 차체 후방임을 표시 번호판 조명 주차 중임을 표시

5.2. 자동차 등화장치의 종류

[1] 주간주행등(데이라이트, DRL)

시동만 켜면 자동으로 켜지는 등화(2015년 7월부터 장착이 의무화 되었으므로 이전 연식의 차량에는 없는 경우도 있다)로 주간주행등은 주간에 차량 운행 시 다른 운전자 및 보행자가 자동차를 쉽게 인지할 수 있도록 차량 전방에 점등되는 등화장치로 DRL(Daytime Running Lamp/Lights)로도 불린다. 차량이 주행 중이라는 것을 나타내는 등화로서 정차 중 차량의 존재를 드러내는 포지셔닝 램프와 대비되며, 시동과 동시 또는 주행을 시작할 때 혹은 기어가 P(주차)에서 벗어나거나 주차 브레이크가 해제되면 자동 점등되고 전조등이나 전면안개등 점등 시 자동으로 밝기가 줄어들거나 소등된다.

[그림 19] 주간주행등

[2] 미등(Tail Lamp) 및 번호등(License Plate Lamp)

저녁에 또는 안개가 끼거나 비 또는 눈이 올 때, 도로에서 차를 운행하거나 터널 안을 운행하거나 터널 안 도로에서 고장이나 그 밖의 부득이한 사유로 차를 정차 또는 주차하는 경우 켜야 하며, 미등 작동 시에는 번호등도 함께 작동된다.

[그림 20] 미등 및 번호등

[3] 전조등(HeadLamp)

전조등에는 실드빔 방식(Sealed Beam Type)과 세미 실드빔 방식(Semi Sealed Beam Type)이 있다. 램프(Lamp) 안에는 2개의 필라멘트가 있으며, 1개는 먼 곳을 비추는 상향빔(High beam)의 역할을 하고, 다른 하나는 시내를 주행할 때나 교행(交行)할 때 대향 자동차나 사람이 현혹되지 않도록 광도를 약하게 하고, 동시에 빔을 낮추는 하향빔(Low beam)이 있다.

[그림 21] 전조등

① **오토라이트**(Automatic Headlight)

조도센서를 차량 계기판 위 또는 백미러(룸미러) 뒤에 달고 이에 연동되어 전조등을 켜고 끄는 시스템이다. 오토라이트시스템은 주행 중 터널 진입 시나 눈, 비, 안개등으로 주위가

갑자기 어두워질 경우 자동으로 라이트를 제어하는 시스템이다.

② **어댑티브 프론트 라이팅시스템**(AFLS : Adaptive Front Lighting System)

스티어링휠 방향에 맞추어 전조등 방향을 같이 조정해 주는 기능이다.

③ **스마트 하이빔**(Smart High Beam Assist)

상향등을 자동으로 켜고 끄는 기능이다. 줄여서 '스마트 하이빔' 또는 '하이빔 어시스트'라고 부른다. 전방을 향하는 카메라를 달고, 이 카메라의 영상을 분석하여 상향등 상태로 운전하다가 전방에 다른 차가 있으면 자동으로 하향등으로 바꿔준다. 반대로 기본적으로 하향등 상태에서 운행하다가 상향등이 필요할 만큼 조명이 없다면 자동으로 상향등을 켜주도록 동작하는 경우도 있다.

④ **내비게이션 연동 헤드램프**

스티어링휠에 앞서 내비게이션의 정보를 받아서 이에 연동해서 이동할 방향으로 미리 전조등을 움직여 주는 기능도 있다.

[4] 제동등(Brake Lamp)

제동등은 주야간 모두 브레이크 페달을 밟는 순간 페달의 작동 또는 유압에 의하여 점등되는 적색등으로서 후속차에 제동을 알리는 등이다.

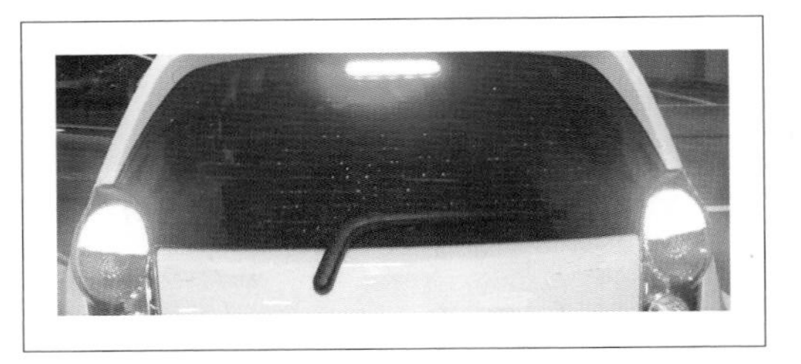

[그림 22] 제동등

[5] 후진등(Backward Light)

변속기 레버를 후진 위치로 하였을 때 점등되는 후진 방향의 조명등이다. 후퇴등이라고도 한다.

[그림 23] 후진등

[6] 방향지시등(Turn Signal Lamp)

방향지시등은 자동차의 진행 방향을 바꿀 때 사용하는 것이며, 플래셔 유닛(flasher unit)을 사용하여 램프에 흐르는 전류를 일정한 주기(자동차 안전 기준상 매분 당 60회 이상 120회 이하)로 단속・점멸하여 전구를 점멸시키거나 광도를 증감시킨다. 또 긴급 정차 시에 전후, 좌우 모든 램프 점멸로 긴급 상황을 경고하는 비상경고등 기능이 있다.

[그림 24] 방향지시등

[7] 실내등(Room Lamp)

가까운 실내 천장의 중앙이나 윈드실드 가까운 장소에 설치되어 차량의 어두운 실내를 환하게 조명하기 위한 등으로, 룸 라이트 또는 룸 램프라고도 한다.

[그림 25] 실내등

[8] 안개등(Fog Light)

안개 등 악천후 상황에서 전조등을 보조하는 목적의 보조 등화 장치이다. 악천후 상황에서 저속 주행 시 전조등을 보조하여 근거리 시야를 확보 및 차선 식별을 용이하도록 해준다.

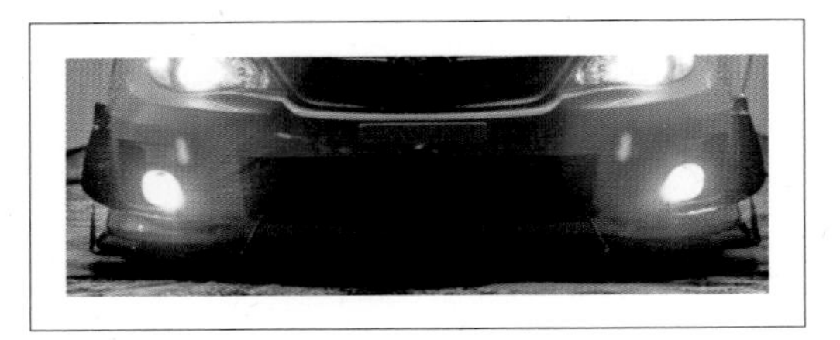

[그림 26] 안개등

[9] 차폭등(Side Lamp)

야간 전방에 차의 존재와 너비를 표시하는 역할을 하는 등이다. 전면의 양쪽에 부착되어 있으며 색상은 흰색 또는 주황색이다.

[그림 27] 차폭등

6. 편의장치

6.1. 종합 경보장치(ETACS : Electronic Time Alarm Control System)

[1] 종합 경보장치의 개요

차량 전기장치 중 시간에 의하여 동작하는 장치 또는 경보를 발생시켜 운전자에게 알려주는 통합장치라 할 수 있다.

종합 경보장치(Total Warning System)는 자동차 운전의 편리성과 안전운전을 도모하기 위하여 각종 경보와 조작 장치들을 하나의 컴퓨터로 종합 제어하는 장치이며, 최근에 많은 자동차에서 사용하고 있다. 종합 경보장치는 경보 제어기능과 관련 장치 제어기능 등으로 나눌 수 있다.

[그림 28] ETACS의 역할

[2] 종합 경보장치의 종류 및 기능

종 류	경보 및 제어기능	세부 제어기능
ETWIS (Electronic Time Warning Indicated System)	점화스위치 관련 정보기능	① 점화스위치 미회수 및 도어 록 해제기능 ② 점화스위치 키 구멍 조명기능 (약 10~20초)
	도어 록 및 도어 열림 경보기능	① 일정 주행속도(약 20km/h) 이상으로 주행할 때 자동도어 록 작동 기능 ② 주행할 때 도어 열림 상태 경보
	안전띠 미착용 경보	안전띠 미착용 경보(약 10초)
CPU (Central Processing Unit)	전조등, 실내등 제어기능	① 전조등 ON, 점화스위치 OFF 후 도어를 열었을 때 경보 ② 도어 스위치와 연계, 일정 시간(약 5초) 조명 후 서서히 감광 기능
	와셔 제어기능	윈드 실드와이퍼를 작동할 때 와셔 연동기능
	파워윈도 제어기능	점화스위치 OFF 후 일정 시간(약 1분) 작동 지연기능
	뒷유리 열선 제어기능	열선 시간(10~30분) 작동기능
DECS (Eaewoo Electronic Control System)	점화스위치 회수 경보 기능	점화스위치 미회수 경보기능
	안전띠 미착용기능	안전띠 미착용 경보(약 10초)
	전조등 소등 경보	전조등 ON, 점화스위치 OFF 후 도어를 열 때 경보기능
	윈드 실드와이퍼 작동시간 제어	윈드 실드와이퍼 간헐 제어기능
ICU (Integrated Control Unit)	파워윈도 시간 제어	파워윈도 작동 지연기능
	뒷유리 열선 시간 제어	열선 시간(약 20분) 작동 제어

종 류	경보 및 제어기능	세부 제어기능
ETACS (Electronic Time& Alarm Control System)	점화스위치 관련 정보기능	점화스위치 회수 잊음 및 키 구멍 조명기능
	도어 열림 경보기능	주행 중 도어 열림 경보기능
	시트벨트 경보기능	안전띠 미착용 경보(약 10초)
	와셔 연동 윈드 실드와이퍼 제어기능	윈드 실드와이퍼와 와셔 연동 제어기능
	실내등 감광기능	실내등 약 5초간 감광기능
	파워윈도 제어기능	점화스위치 OFF 후 파워윈도 작동기능
	도어 록 제어기능	중앙 집중방식 도어 록 제어기능
	열선 타이머 제어기능	뒷유리 및 사이드미러 열선 작동시간 제어
	트렁크 및 후드 제어기능	트렁크 및 후드 열림 제어
	키 리스 엔트리 기능	점화스위치를 사용하지 않고 도어 록을 제어

6.2. 스마트키 시스템(SMK : smart key system)

[1] 스마트키 시스템의 개요

스마트키 시스템이란 자동차 리모컨시스템과 시동시스템을 통합한 시스템을 말한다.

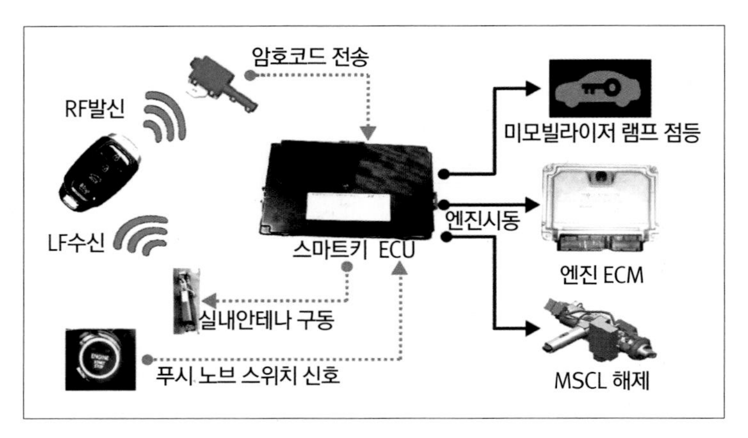

[그림 29] 스마트키 개요

시동 방식에는 두 가지가 있는데, 버튼 타입과 로터리 타입이 있다.

(a) 버튼 타입

(b) 로터리 타입

[그림 30] 스마트키 타입

[2] 스마트키 시스템의 구성품

① PIC(personal IC card) ECU

PIC ECU는 "PASSIVE ACCESS", "PASSIVE UNLOCKING", "PASSIVE 인증" 등 모든 기능을 관리한다.

[그림 31] PIC ECU

[그림 32] 스마트키

② PIC FOB

스마트키에는 스마트 IC, 트랜스폰더가 내장되어 있어 리모컨 기능을 한다.

③ **안테나**(Antennas)

차량 실내 및 외부에 인덕티브(inductive) 안테나가 장착되어 있다. 안테나는 PIC ECU의 안테나 구동 전류를 자기장의 변화로 변형시켜 PIC의 확인 요구 신호를 수신한다.

④ **도어 핸들**(Door Handle)

프런트 도어의 도어 핸들(운전석, 조수석)은 주파수 신호를 출력하도록 페라이트 안테나가 적용되어 있으며, 커패시티브 센서와 록(lock) 기능을 수행하기 위한 버튼이 장착되어 있다.

⑤ **메카트로닉 스티어링 록**(MSL : Mechatronic Steering Lock) **장치**

MSL은 차량의 허가를 받지 않은 사용을 금지할 때 스티어링 휠을 블로킹(blocking)하기 위해 필요하다.

⑥ **인터페이스 유닛**(IFU : Interface Unit)

IFU는 PIC 인증 데이터로 엔진 시동명령을 수행하며 통신에 의한 엔진 시동 불가 시 스마트키 삽입 후 트랜스폰더 인증으로 MSL 록 해제 및 시동 인증이 가능하다.

⑦ **전원 분배 모듈**(PDM : Power Distribution Module)

스마트키 ECU에서 전원 이동 명령 수신 릴레이 제어 → ACC · IG1 · IG2 · ST

⑧ **스타트 스톱 버튼**(SSB : Start Stop Button)

SMK 및 PDM에 전기적 신호를 주어 전원 이동 및 시동 ON/OFF를 한다.

⑨ **스마트키**(SMK : Smart Key) **홀드**

코일 안테나를 내장하여 스마트키 정보(TP)를 PDM으로 전송(림폼 시동)하고, 스마트키 IN 스위치를 내장하여 삽입 · 탈거 신호를 PDM에 입력한다.

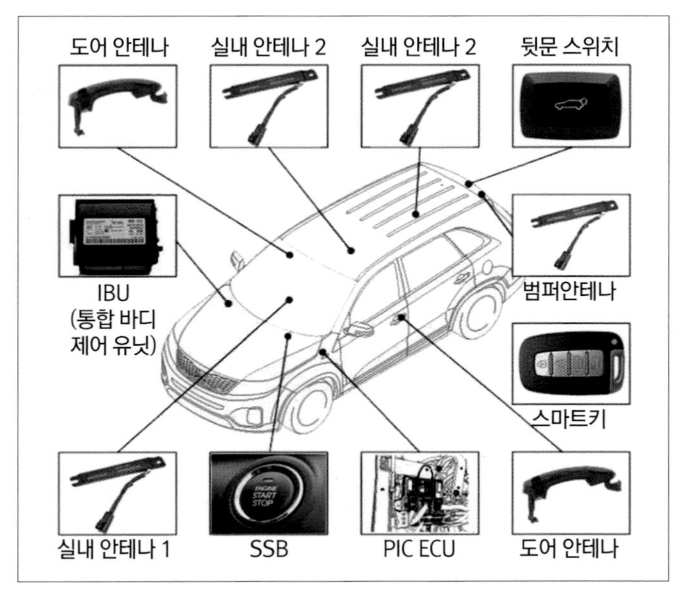

[그림 33] 스마트키 시스템의 구성도

6.3. 후진 및 선회 경고장치(Back Corner Warning System)

후진 및 선회 경고장치는 도로상의 장애물을 검출하고 경보를 울려 충돌을 방지하는 장치이다.

6.4. 음성경보장치(VAS : voice alarm system)

운전자의 안전과 편의를 돕기 위하여 자동차의 상태를 운전자에게 음성 메시지(message)로 알려줌으로써 자동차 운행의 안전성을 추구하는 장치이다.

6.5. 레인센서 윈드 실드와이퍼 제어장치 (RSWCS : Rain Sensor Wiper Control System)

레인센서 윈드 실드와이퍼 제어장치는 와이퍼 모터 구동제어를 종합제어 장치 대신 앞창 유리의 상단 내면부에 설치한 레인센서 및 유닛에서 강우량을 검출하여 운전자가 스위치를 조작하지 않아도 윈드 실드와이퍼 작동시간 및 저속 및 고속을 자동으로 제어한다.

6.6. IMS(Integrated Memory System)

운전자 자신이 설정한 최적의 시트(Seat) 위치를 메모리 스위치(Memory Switch)와 포지션센서(Position Sensor)에 의해 컴퓨터에 기억시켜 시트 위치가 변화하여도 1회의 스위치 조작으로 자신이 설정한 시트 위치로 재생시킬 수 있는 기능으로, 운전자가 편안한 운전 자세를 유지할 수 있도록 해주는 운전석 파워시트(Power Seat) 기억장치를 IMS라 한다.

7. 안전장치(Safety Systems)

7.1. 윈드 실드와이퍼(Windshield Wiper)

비 또는 눈이 내리는 날, 차량을 운행할 때 윈드 실드와이퍼가 작동하지 않거나 작동하더라도 앞면 창유리를 깨끗이 닦아주지 못하면 운전자의 시야가 방해되어 사고의 위험이 있으므로, 윈드 실드와이퍼가 제 성능을 발휘하기 위해서는 앞면 창유리와 접촉되어 움직이는 와이퍼 블레이드 상태나, 와이퍼 암 및 와이퍼 모터 등을 항상 최적의 상태로 유지하여야 한다.

윈드 실드와이퍼 구성부품은 와이퍼 스위치, 와이퍼 모터, 와이퍼 암, 와이퍼 블레이드 등으로 되어 있으며, 윈드 실드와이퍼 모터는 영구자석(페라이트자석)을 사용하는 제3브러시 방식이다.

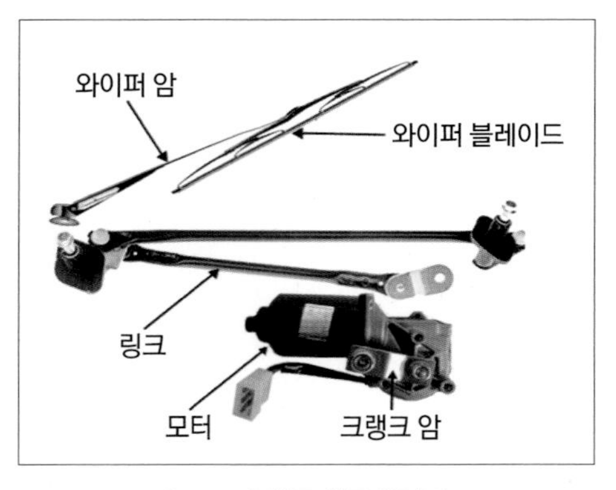

[그림 34] 윈드 실드와이퍼

7.2. 경음기(Horn)

경음기는 걷는 사람, 다른 차량에게 주의를 환기시키기 위한 것으로, 전기방식과 공기방식으로 구분된다. 공기방식은 공기압축기를 설치하고 있는 대형 차량에서 사용된다. 일반적인 차량용으로는 전기방식이 주로 사용되고 있다.

[그림 35] **경음기**

7.3. 계기판(Instrumental Panel)

교통안전을 도모하고 쾌적한 운전할 수 있도록 하기 위하여 운전 중인 차량 상황을 알기 쉽도록 계기판(Instrumental Panel)에 계기를 부착한다. 주요 계기에는 속도계, 전류계(또는 충전 경고등), 유압계(또는 유압 경고등), 연료계, 수온계 등이 있다. 그밖에 차량 종류에 따라서는 엔진 회전속도계, 운행기록계 등이 있다. 차량에 사용되는 유압계, 연료계, 온도계 등 대부분이 전기로 작동되며, 계기 부분과 유닛 부분으로 구성되어 있다.

[그림 36] **계기판**

7.4. 트립 컴퓨터(Trip Computer)

트립 컴퓨터는 정확한 차량 정보(여행한 거리, 평균 속도, 평균 연료 소비량, 실시간 연료 소비량을 기록하고 계산하고 표시)를 운전자에게 전달하고, 차량 내 장치를 안전하고 편리하게 조작할 수 있도록 한다.

7.5. 계기장치(Instrument System)

[1] 속도계(Speed Meter)

속도계에는 자동차의 시간당 주행속도(km/h)를 나타내는 속도지시계와 총 주행거리를 나타내는 적산거리계(total counter), 일정한 주행거리를 측정할 수 있는 구간거리계(trip counter) 등이 같이 조립되어 있다.

[2] 회전계(Tacho Meter)

엔진의 회전수(RPM, 분당 회전 수)를 나타낸다.

[3] 냉각수 온도계(Temperature Gauge)

온도계는 엔진이 작동하고 있는 동안의 온도를 표시하는 계기이다.

[4] 연료계(Fuel Gauge)

연료계는 연료탱크 내의 연료보유량을 나타내는 계기이며, 주로 밸런싱 코일 방식을 사용한다.

[5] 오일 압력계(Oil Pressure Gauge)

엔진오일의 압력을 표시한다.

[6] 전압계(Volt Meter)

차량의 전기시스템 전압을 표시한다.

[7] 기어 표시기(Gear Indicator)

현재 선택된 변속기어를 나타낸다.

[8] 경고등/지시등(Warning Lights/Indicators)

엔진문제, 브레이크 경고, 에어백 상태 등을 나타내는 다양한 경고등과 지시등이 있다.

[9] 타이어 압력 모니터(Tire Pressure Monitor)

각 타이어의 공기압을 감지하여 표시한다.

8. 자동차 통신(Automotive Communication)

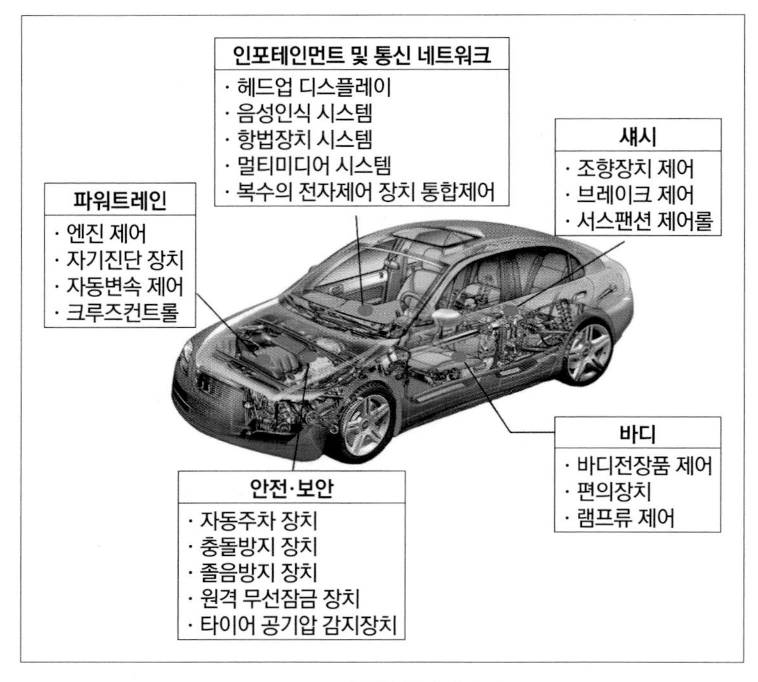

[그림 37] 자동차 통신의 종류

8.1. LAN(Local Area Network)

LAN은 비교적 가까운 거리에 위치한 소수의 장치들을 서로 연결한 네트워크를 말한다. 일반적으로 하나의 사무실, 하나 또는 몇 개의 인접한 건물을 연결한 네트워크이다.

8.2. LIN(Local Interconnect Network)

LIN은 주로 ECU와 능동센서 및 능동 액추에이터 간의 데이터 전송에 사용된다. LIN은 간단하며, 느린 12V, 단선 버스이다. LIN은 마스터-슬레이브(master-slave) 원리에 따라 작동한다. 신호형태 및 프로토콜(protocol, 컴퓨터 간에 정보를 주고받을 때의 통신방법에 대한 규칙과 약속)은 표준화되어 있다.

8.3. CAN(Controller Area Network)

CAN 통신은 주로 자동차 안전 시스템, 편의 사양 시스템들의 ECU들간의 데이터 전송 그리고 정보 및 통신 시스템과 엔터테인먼트 시스템의 제어 등에 사용된다.

CAN은 고장방지기능을 지원하는 Low Speed CAN과 High Speed CAN으로 꼬여 있거나 또는 피복에 의해 차폐되어 있는 2가닥 데이터 배선을 통해 데이터를 전송하고, 최대 통신 속도는 1Mbps이다. 125Kbps를 기준으로 Low Speed CAN(차량 바디계)과 High Speed CAN(차량 제어계)으로 나누어지며, 여러 가지 ECU들을 병렬로 연결하여 우선순위대로 처리하는 방식이다.

8.4. MOST(Media Oriented Systems Transport)

MOST는 환경에 강하면서도 비용대비 효과가 높은 통신으로 네트워크가 필요한 자동차 멀티미디어 네트워크용으로 1998년 Daimler cyrysler, harmann/becker, BMW, OASIS에 의해 개발되었다. 모든 종류의 자동차 멀티미디어 애플리케이션(오디오, 비디오, 네비게이션)을 위한 차량 내부 통신 프로토콜이다.

8.5. IDB(Intelligent Transport System Data Bus)-1394

IDB-1394는 가정용으로 사용 중인 IEEE 1394를 기본으로 하고 있기 때문에 DVD, CD changer, 오디오, 비디오 디스플레이뿐만 아니라 디지털카메라나 게임기 같은 가전제품과 연결하여 사용할 수 있는 장점이 있다. 광통신을 이용하여 400Mbps의 전송 속도를 보장하고 있다. 현재 미국과 일본 완성차 업체를 중심으로 적용을 검토하고 있다.

8.6. D2B(Digital Data Bus)

D2B는 디지털 오디오, 비디오와 기타 고속의 동기·비동기 신호를 최고 11.2Mbps의 속도로 송수신할 수 있는 멀티미디어 데이터 통신이다. UTP(unshielded twisted pair)나 하나의 광섬유로 구성되며, 모듈의 추가나 기능의 확장을 위하여 별도의 와이어 하네스 변경이 필요하지 않은 장점을 가지고 있다.

8.7. 블루투스(Bluetooth)

블루투스는 핸드폰, PDA, 노트북과 같은 정보기기 장치들 간의 양방향 근거리 통신을 복잡한 전선 없이 저가격으로 구현하기 위한 근거리 무선통신 기술과 표준 및 제품을 총칭한 것이다.

8.8. Flexray

자동차의 각 제어 시스템 접속에는 표준 네트워크로서 CAN이 채용되어 여러 가지 정보를 공유하는 고도의 시스템 제어를 실현해

왔다. 그러나 자동차를 둘러싼 사회의 요구는 환경보호, 쾌적한 주행, 안정성의 추구이다. 이 때문에 환경보호를 위하여 유압제어 시스템으로부터 전기제어 시스템으로 바뀌는 것으로, 차체 중량 경감과 치밀한 시스템 제어가 배기가스의 저감이나 연비의 향상으로 나타나고 있다.

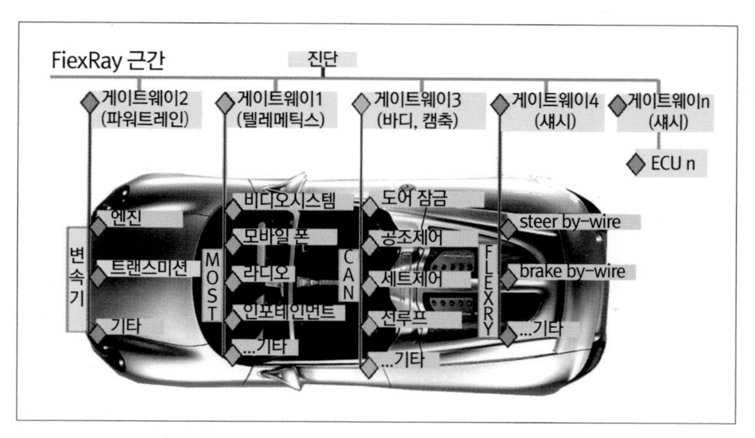

[그림 38] Flexray 네트워크 구조

9. 난방장치(Heater) 및 에어컨(Air Con)

9.1. 난방장치(Heater)

자동차에서 사용하는 난방장치는 실내를 따뜻하게 하고 동시에 앞면 창유리가 흐려지는 것을 방지하는 장치(디프로스터 : Defroster)도 겸하게 되어 있다. 난방장치는 주로 온수(溫水) 난방을 사용하며 이것은 엔진의 냉각수를 이용하는 방식이다.

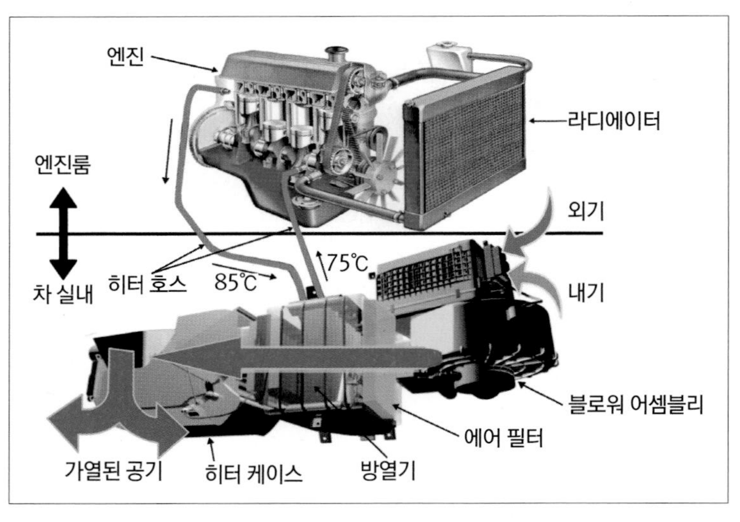

[그림 39] 온수방식 난방장치의 개념도

9.2. 에어컨(Air Con)

[1] 에어컨의 개요

에어컨은 에어컨디셔너(air conditioner)의 줄임말이며, 공기 조화장치(냉·난방장치)를 의미한다. 이것은 "일정한 공간의 요구에

알맞은 온도・습도 및 청결도 등을 동시에 조절하기 위한 공기 취급 과정"이라고 정의된다.

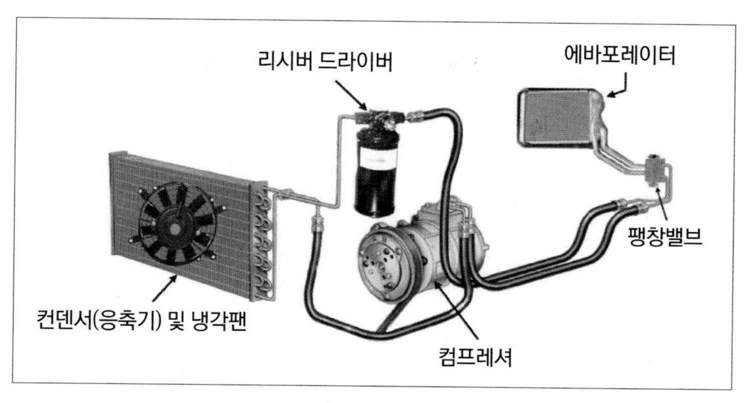

[그림 40] 에어컨 구성품

[2] 냉매(Refrigerant)

냉매란 냉동 사이클 속을 순환하여 열을 이동시키는 매개체가 되는 물질이다.

[3] 에어컨의 구조

① **컴프레셔**(압축기 : Compressor)

엔진에 의해 V벨트로 구동되며 저온, 저압가스 냉매와 고온, 고압가스로 만들어 콘덴서로 보낸다. 컴프레셔를 제어할 수 있는 마그네틱 클러치가 설치되어 있다.

[그림 41] **컴프레셔**

② **콘덴서**(응축기 : Condenser)

라디에이터 앞에 설치되어 있으며, 차량속도와 냉각팬에 의해 고온, 고압 기체상태의 냉매를 응축시켜 고온, 고압의 액상 냉매로 만든다.

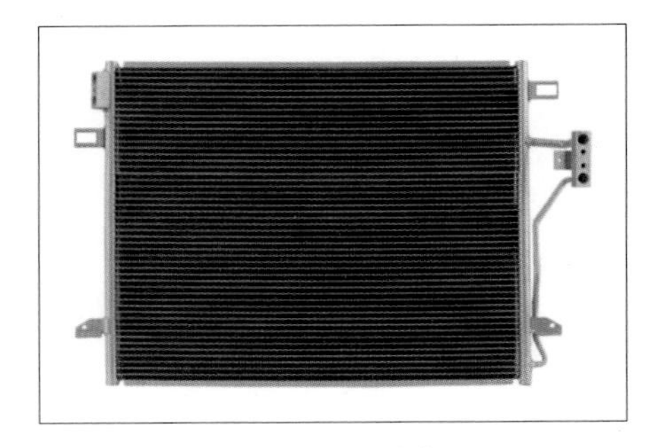

[그림 42] **콘덴서**

③ **리시버드라이어**(건조기 : Receiver Drier)

냉매 속에 포함되어 있는 수분을 흡수하고, 냉매를 원활하게 공급할 수 있도록 냉매를 저장한다.

[그림 43] **리시버 드라이어**

④ **팽창밸브**(Expansion Valve)

고압 및 저압 냉매 사이의 경계이며 에바퍼레이터 코어로 유입되는 냉매의 흐름을 조절한다.

[그림 44] **블록형 팽창밸브**

⑤ **에바퍼레이터**(증발기 : Evaporator)

증발기 내부를 통과하는 저온・저압의 냉매에 의해 표면에 접촉하고 있는 고온의 실내 공기에서 열을 빼앗아 실내 공기를 냉각시키는 열 교환기이다.

⑥ **서미스터**(Thermistor)

서미스터는 에바센서 또는 핀 써모센서라고도 하며, 에바퍼레이터 코어 평균 온도가 검출되는 부위에 삽입되어 있으며, 이 부위의 온도를 감지해 자동으로 에어컨 ECU로 입력시키는 역활을 한다. NTC(negative temperature coefficient)로 일정한 온도 범위에서 온도의 상승에 대하여 저항값이 비교적 비례적으로 감소하는 부특성 서미스터이다.
자동 에어컨 ECU는 에바퍼레이터 온도가 0.5℃ 이하로 감지되면 컴프레셔 구동 출력을 OFF시키며, 3℃ 이상이면 컴프레셔를 구동시킨다.

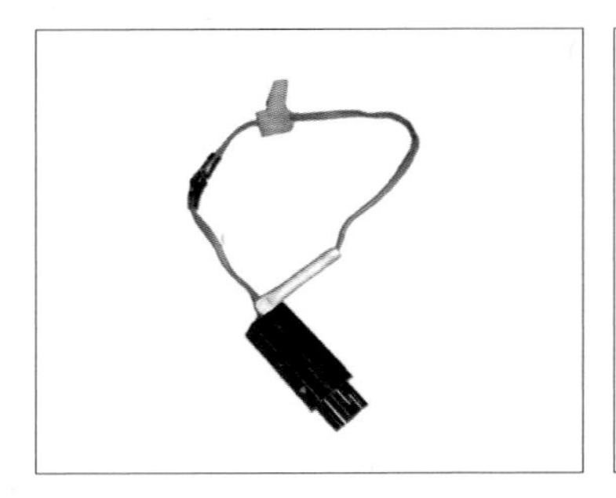

(a) 서미스터

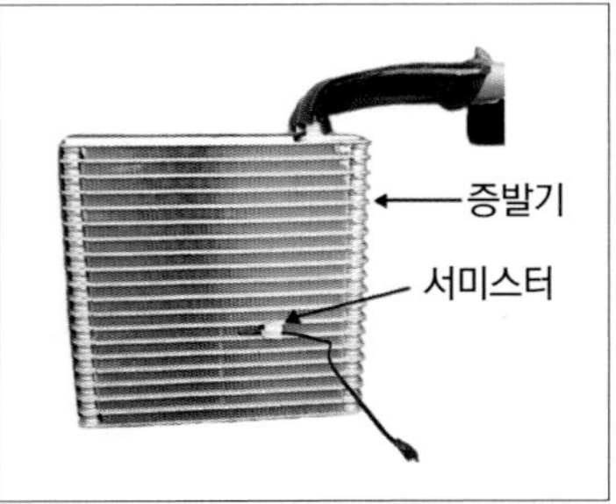

(b) 증발기 및 서미스터 설치상태

[그림 45] 서미스터 및 증발기

⑦ **듀얼 압력스위치**(Dual Pressure S/W)

듀얼 압력스위치는 리시버 드라이어 위쪽에 설치되어 있으며, 안전장치로서 에어컨 사이클 내의 냉매압력에 의해 작동되며, 2개의 압력 설정값(저압 및 고압)을 지니고 1개의 스위치로 저압 보호기능과 고압 보호기능을 수행한다.

⑧ **에어컨 릴레이**(Air Con Relay)

에어컨 릴레이는 압축기에 전원을 공급하는 것이며, 작동 전원은 에어컨스위치, 서모스위치, 듀얼 압력스위치를 통하여 공급된다.

[4] 전자동 에어컨(FATC : Full Automatic Temperature Control)

전자동 에어컨은 희망하는 온도를 한 번 지정하여 놓으면 외부 조건의 변화에 관계없이 에어컨장치 자체가 냉방 능력을 조절하여 항상 지정한 온도로 실내 온도를 유지한다. 자동적으로 조절하기 위하여 컴퓨터 및 센서가 사용된다.

① **외기온도센서**(Amblent Sensor)

외기온도센서는 라디에이터 전면부에 장착되어 있으며, 외부 공기의 온도를 감지하여 FATC 컨트롤로 입력시키는 역할을 한다.

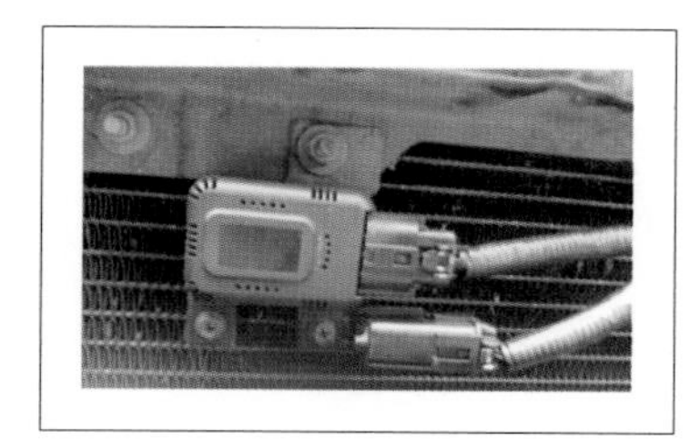
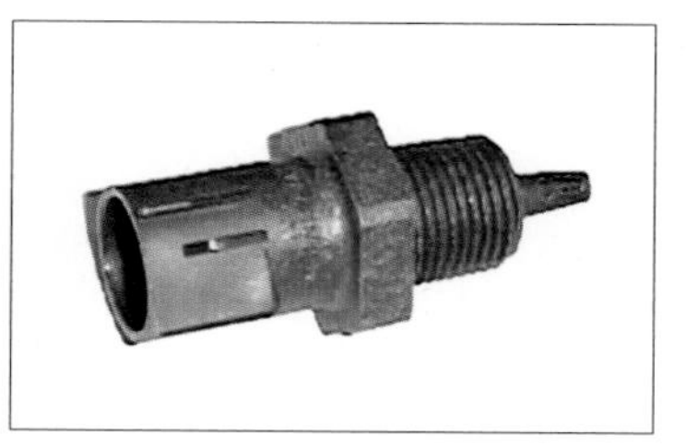

[그림 46] **외기온도센서**

② **실내온도센서**(인카센서 : Incar Sensor)

실내온도센서는 현재 차 실내의 온도를 감지하여 ECU로 입력시키는 역할을 하며, ECU는 이 값을 입력받아 AUTO 모드

시 블로워 모터 속도, 온도조절 액추에이터 및 내, 외기 전환 액추에이터 위치를 보정해 준다.

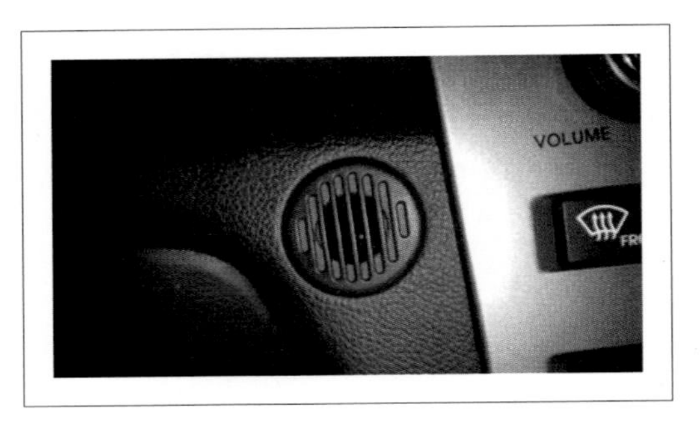

[그림 47] **실내온도센서**

③ **AQS**(Air Quality Sensor)

AQS는 외기온도센서와 일체로 제작되어 있으며, 프론트 범퍼 뒤측에 장착된다. AQS는 배기가스를 비롯하여 대기 중에 함유되어 있는 유해 및 악취가스를 감지한다.

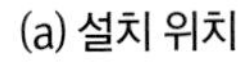
(a) 설치 위치

(b) AQS

[그림 48] AQS

④ **핀 서머센서**(Pin Thermo Sensor)

핀 서머센서는 에바포레이터 코어의 온도를 감지하여 에바포레이터의 결빙을 방지할 목적으로 에바포레이터 코어 부위에 장착된다.

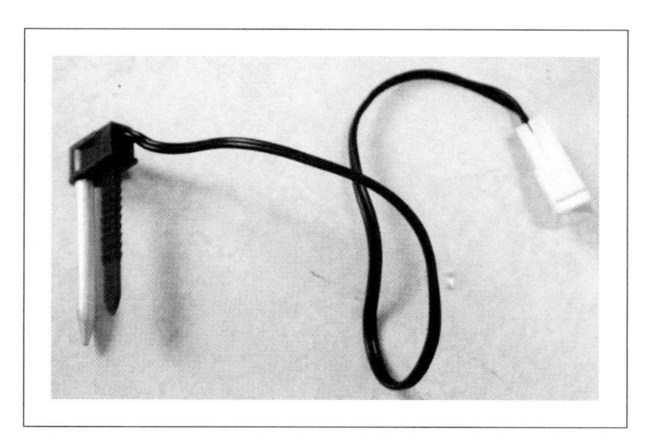

[그림 49] **핀 서머센서**

⑤ **일사량센서**(Sun Sensor, 포토센서 : Photo Sensor)

차량의 전면부 조수석측 크래쉬 패드에 장착되어 태양의 일사량을 감지하여 전류로 변환 후 에어컨 ECU로 보내면 ECU는 일사량에 따른 온도보상을 하여 토출온도와 풍량이 운전자가 선택한 온도에 근접할 수 있도록 한다.

⑥ **수온센서**(Water Sensor)

수온센서는 히터 유니트에 장착되어 있으며, 히터 코어에 흐르는 냉각수 온도를 감지하여 에어컨 ECU로 전송하면 ECU는 설정 온도와 실내온도, 외기온도와의 차이를 비교하여 난방기동 제어 실행 여부를 결정하게 된다.

⑦ **습도센서**(Humidity Sensor)

습도센서는 실내온도센서와 어셈블리로 제작되며, 장착 위치도 동일하다.

⑧ **고 · 저압스위치**(H · P, L · P Switch)

고 · 저압스위치는 컴프레셔 내 서비스 포트에 접속되어 냉매 압력에 이상이 발생 시 자동적으로 컴프레셔를 정지시킴으로써 냉매 라인 보호를 하며, 이때 컨트롤 판넬의 트러블 램프(Trouble Lamp)가 점등됨으로써 압력 이상 유 · 무를 판정할 수 있다.

⑨ **트리플스위치**(Triple Switch)

트리플스위치는 기존 듀얼 압력스위치에 고압스위치와 동일한 역할을 하는 MIDDLE 스위치를 포함하는 방식이다. 고압측 냉매 압력 상승 시 MIDDLE 스위치 접점이 ON되어 엔진 ECU로 작동신호가 입력되면 엔진 ECU는 라디에이터 팬 및 콘덴서 팬을 고속으로 작동시켜 냉매의 압력 상승을 방지한다.

[그림 50] **트리플스위치**

[그림 51] **APT센서**

⑩ APT(Automotive Pressure Transducer)센서

에어컨 냉매 압력을 연속적으로 감지하여 엔진 ECU가 냉매 압력에 따른 컴프레셔, 냉각 팬 등을 최적의 제어를 하기 위하여 엔진 ECU에 입력된다.

⑪ **전기식 액추에이터**(Electric Actuator)

㉠ **내 · 외기 전환 액추에이터**(Intake Actuator)

블로워 유니트의 내외기 도입부 덕트에 부착되어 있으며, 내외기 선택스위치 조작에 의해 내외기 도어를 구동시킨다.

[그림 52] **내외기 전환 액추에이터**

㉡ **온도 조절 액추에이터**(Temp Door Actuator)

에어컨 ECU로부터 신호를 받아 DC모터로 온도조절 도어를 조절한다.

[그림 53] 온도 조절 액추에이터

ⓒ 풍향 조절 액추에이터(Mode Door Actuator)

히터 유니트에 위치하며, 이그니션 KEY를 ON했을 때 모드스위치를 선택하면 에어컨 컨트롤로부터 신호를 받아 동작하는 소형 DC 모터로 VENT→B/L→FLOOR→MIX순으로 순차적으로 작동한다. DEF 모드는 DEF 스위치를 선택하면 순서와 상관없이 DEF 모드로 작동한다.

[그림 54] 풍향 조절 액추에이터

⑫ **블로워 유닛**(Blower Unit)

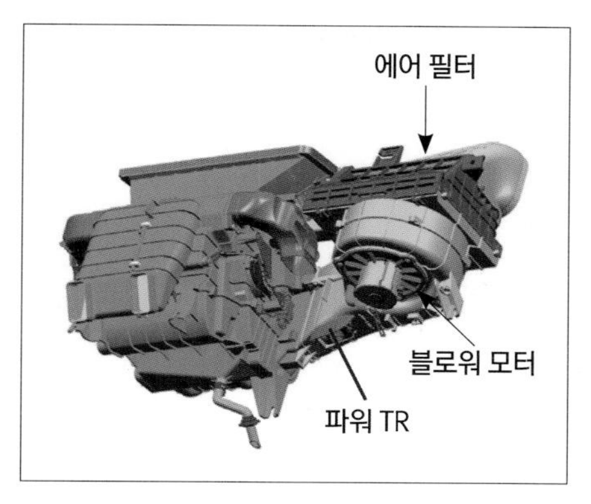

[그림 55] **블로워 유닛**

㉠ **에어 필터**(Air Filter)

차량 실내 먼지 및 이물질을 제거하여 항상 쾌적한 실내 환경을 유지시켜 준다.

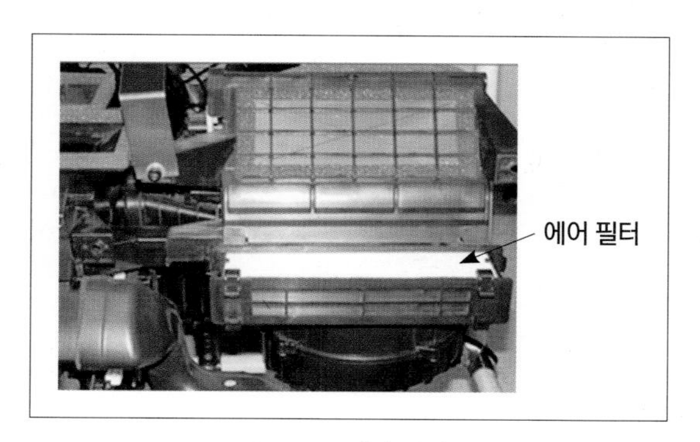

[그림 56] **에어 필터**

㉡ **블로워 레지스터**(Blower Resistor)

레지스터는 블로워 유닛에 장착되어 있으며, 블로워 모터의 회전수를 조절하는 역할을 한다.

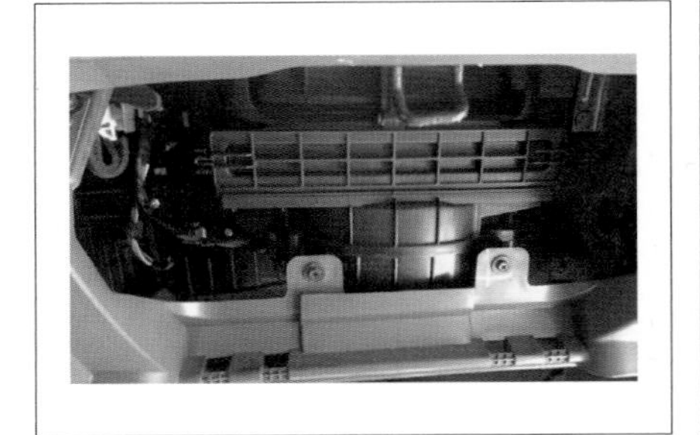

(a) 설치 위치

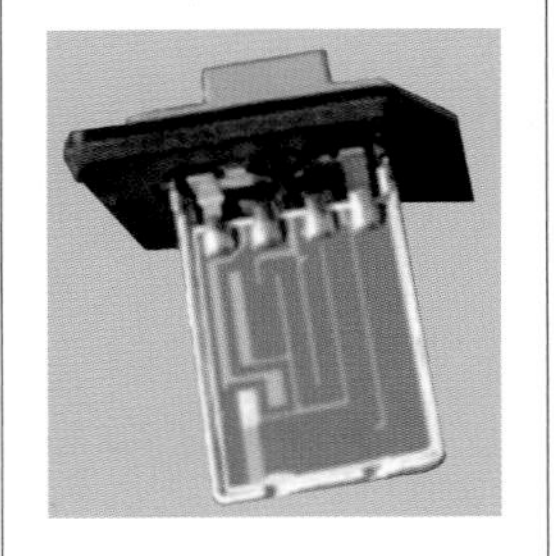

(b) 레지스터

[그림 57] 블로워 레지스터

㉢ 파워 TR(Power TR)

파워 TR은 블로워 유닛 케이스 내측에 설치되어 블로워 모터 회전속도를 정밀 제어한다.

(a) 설치 위치

(b) 파워 TR

[그림 58] 파워 TR

㉣ 블로워 HI 릴레이(Blower HI Relay)

HI 블로워 릴레이는 블로워 속도를 최대 단으로 선택했을 때 FATC ECU가 작동시켜 주게 되는데, 이때 블로워 모터 작동 전류는 파워 TR을 통하지 않고 HI 블로워 릴레이를 통해 직접 차체 접지로 흐르게 된다.

[그림 59] **블로워 HI 릴레이**

ⓜ 블로워 모터(Blower Motor)

블로워 모터는 공기를 에바퍼레이터 또는 히터 코어의 핀 사이로 통과시켜 냉각 또는 가열한 후 자동차의 실내로 공기를 불어내기 위해 사용되는 DC 모터이다.

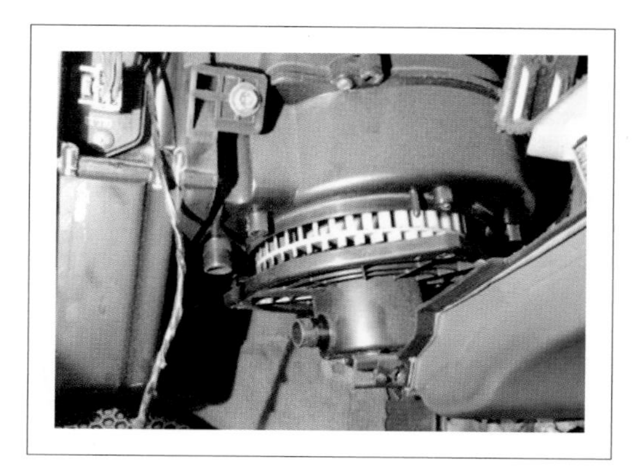

[그림 60] **블로워 모터**

10. SRS 에어백(Supplement Restraint System Air Bag)

10.1. SRS 에어백의 개요

SRS 에어백은 자동차가 충돌하였을 때 충돌 조건에 따라 운전석, 조수석, 앞뒤 및 옆쪽에 설치된 에어백을 작동시켜 운전자 및 승객을 부상으로부터 보호하기 위한 안전띠 보조장치이다.

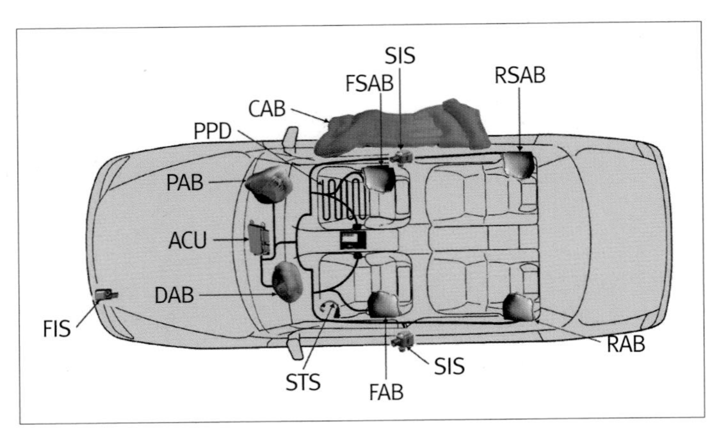

[그림 61] 에어백 설치 위치

① DAB : 운전석 에어백(Drive Air Bag)

② PAB : 승객석 에어백(Passenger Air Bag)

③ SPT : 안전벨트 프리텐셔너(Pre Tensioner)

④ FSAB : 앞 측면 에어백(Front Side Air Bag)

⑤ RSAB : 뒤 측면 에어백(Rear Side Air Bag)

⑥ CAB : 커튼 에어백(Curtain Air Bag)

⑦ PPD : 승객유무 검출센서(Passenger Presence Detect)

⑧ ACU : 에어백 컨트롤 유닛(Air Bag Control Unit)

⑨ RAB : 뒤 에어백(Rear Air Bag)

⑩ FIS : 전방충돌 검출센서(Front Impact Sensor)

⑪ SIS : 측면충돌 검출센서(Side Impact Sensor)
⑫ STS : 시트위치센서(Seat Track Position Sensor)
⑬ SDM : 센서진단 모듈(Sensor Diagnostic Module)

10.2. SRSCM(보조 안전장치 제어 모듈 : SRS Control Module)

SRSCM은 내부에 설치된 센서에 의해 검출되는 정면 충격 또는 사이드 임팩트센서에서의 측면 충격을 검출한 후 에어백 완전 열림 요청 신호를 탐지하여 에어백 모듈을 팽창시킬 것인지를 결정한다.

10.3. 에어백(Air Bag) 구조

[1] 에어백 커버(Cover)

에어백 커버는 에어백을 둘러싸고 있으며, 에어백을 전개할 때 에어백이 잘 전개되기 위해서 레이저나 열도(熱刀)로 전개 라인을 플라스틱 뒷면에 칼집이나 구멍(완전히 뚫리지는 않음)을 낸 커버의 티어 심(tear seam)이 갈라지면서 에어백이 부풀어 나올 수 있는 통로를 만드는 구조로 되어있다.

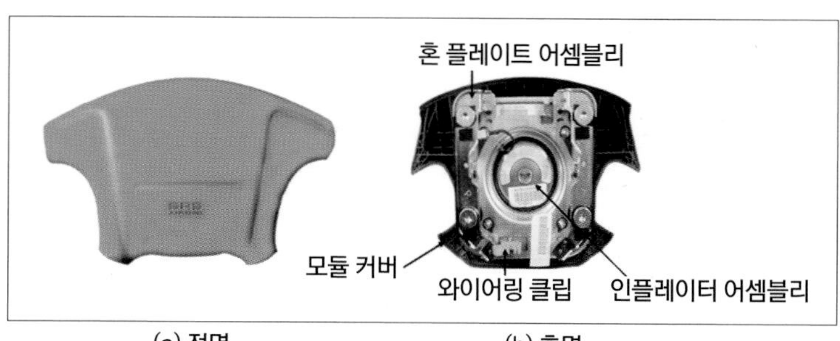

(a) 정면 (b) 후면

[그림 62] 에어백 커버

[2] 에어백(Air Bag)

자동차가 충돌할 때 운전자와 직접 접촉하여 충격 에너지를 흡수해주는 역할을 한다.

[그림 63] 에어백

[3] 인플레이터(Inflater)

인플레이터는 자동차가 충돌할 때 에어백 ECU(air bag control unit)로부터 충돌신호를 받아 에어백 팽창을 위한 가스를 발생시키는 장치이다.

[4] 충격센서(Impact Sensor)

충격센서는 자동차 내 특정 지점의 가속도를 측정하여 자동차의 충돌 및 충격량을 검출하는 센서로, 대표적으로 가속도센서가 이용되고 있다.

[5] 클럭 스프링(Clock Spring)

운전석 에어백은 조향휠에 설치되므로 운전석 에어백과 에어백 ECU 사이를 일반 배선을 사용하여 연결하면 좌우로 조향할 때 배선이 꼬여 단선되기 쉽다.

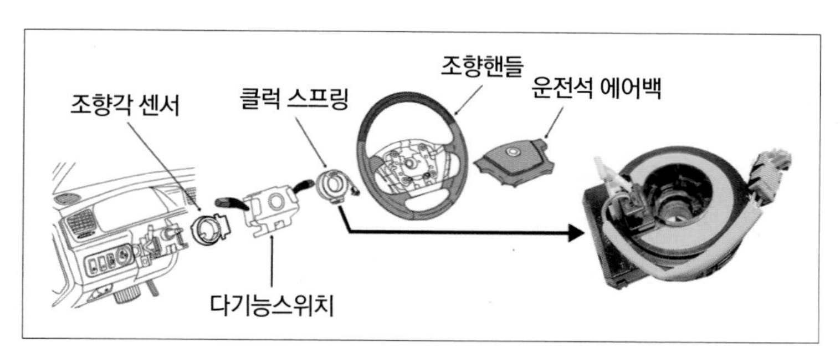

[그림 64] **클럭 스프링**

따라서 조향휠과 조향칼럼 사이에 클럭 스프링을 설치한다. 클럭 스프링은 핸들에 있는 스위치의 작동을 위해 전기를 연결하는 역할부터 에어백 ECU와 운전석 에어백 모듈 사이의 배선을 연결하는 기능으로, 내부에 감길 수 있는 종이 모양의 배선을 설치하여 시계의 태엽처럼 감겼다 풀렸다 할 수 있도록 작동한다.

[6] 승객유무 검출센서(PPD : Passenger Presence Detect)

승객유무 검출센서는 승객석 시트 쿠션 부분에 설치되어 있으며, 승객 탑승 유무를 판단하여 에어백 ECU로 데이터를 송신한다.

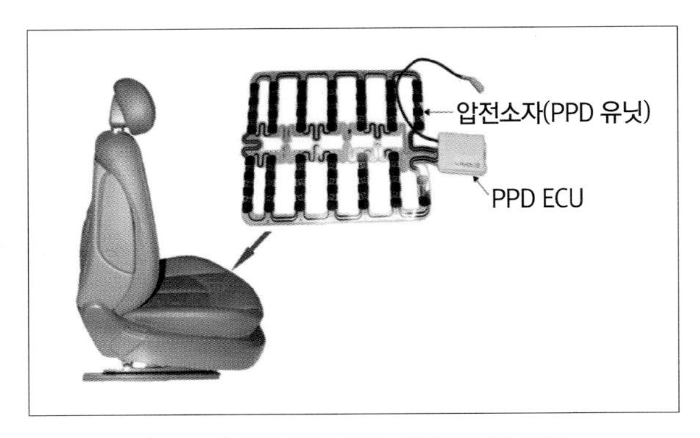

[그림 65] 승객 유무 센서 설치위치 및 구조

[7] 안전벨트 프리텐셔너(Seat Belt Pretensioner)

안전벨트 프리텐셔너는 자동차가 충돌할 때 에어백이 작동하기 전에 작동하여 안전벨트의 느슨한 부분을 되감아 주는 기능을 수행한다. 따라서 충돌할 때 승객을 시트에 고정시켜 에어백이 전개할 때 올바른 자세를 유지할 수 있도록 한다.

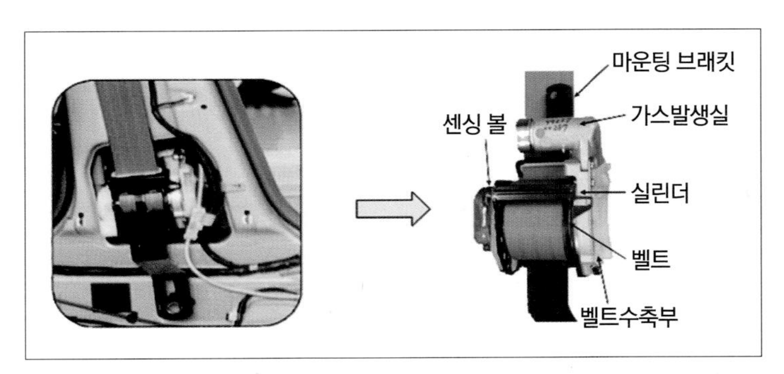

[그림 66] 안전벨트 프리텐셔너 설치 위치 및 구조

4장
지능형 자동차
[Vehicle Intelligence]

1. 보행자 보호시스템(Pedestrian Protection System)

자동차는 사고 시 탑승자의 안전을 위해 안전벨트나 에어백 같은 다양한 안전장치를 갖추고 있다. 하지만 이들 장치는 기본 중의 기본으로 이제는 ICT(정보통신기술, Information & Communication Technology) 기술과 다양한 센서기술이 융합된 첨단 안전 시스템을 통해 보행자 및 탑승자의 안전을 보호해 주고 있다.

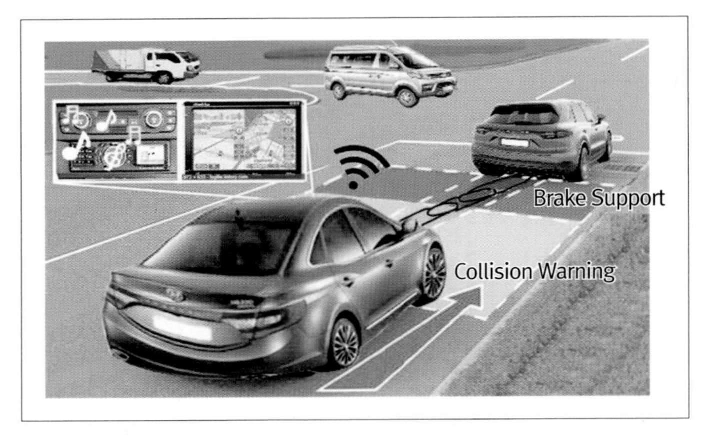

[그림 1] ICT 기술과 센서기술이 융합된 능동안전 시스템

1.1. 보행자 보호 에어백(Pedestrian Air Bag)

보행자 보호 에어백은 보행자가 차에 부딪혔을 때 보닛과 전면 유리 사이에 있는 에어백이 부풀어 오르며 튀어나와 보행자의 부상 정도를 줄여주는데, 보행자 사고의 대부분은 차량 보닛 하부의 엔진과 전면 유리 하단, 강성이 강한 A필러에 부딪혀 발생한다는 점을 감안해 개발된 에어백이다.

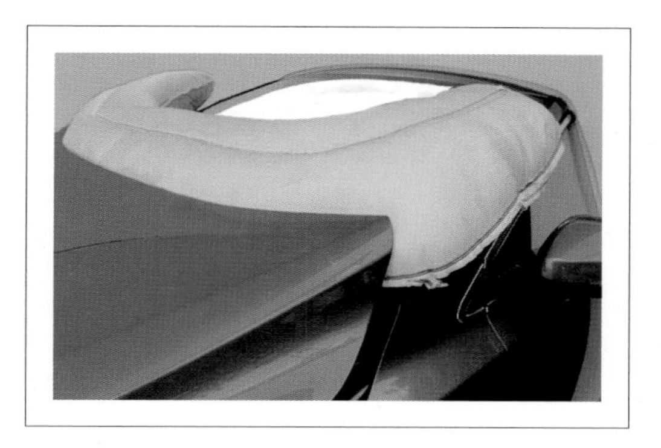

[그림 2] 보행자 에어백

1.2. 능동적 후드 시스템(Hood Lifting System)

보행자 머리와 엔진 사이의 충돌을 완화하기 위하여 범퍼에 20km/h 이상의 충돌이 감지되면 보닛을 들어 올려서 충돌 흡수 공간을 확보하는 것이다.

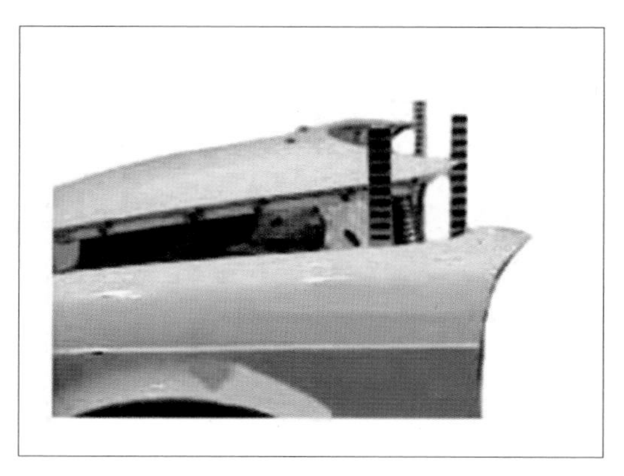

[그림 3] 능동적 후드 시스템

1.3. 전자제어식 안전벨트(Electronic Controlled Seat-Belt Pre-Tensioner)

충돌 시 차량의 저속 및 고속의 경우를 구분하여 프리 텐셔너는 자동차에서 충돌이 발생할 때 벨트 프리텐셔너의 동작을 구분하여 동작하게 함으로써, 승객의 전방 이동력을 적절하게 제어하고, 에어백 전개 시 승객이 올바른 자세를 취하도록 유도할 수 있게 한다.

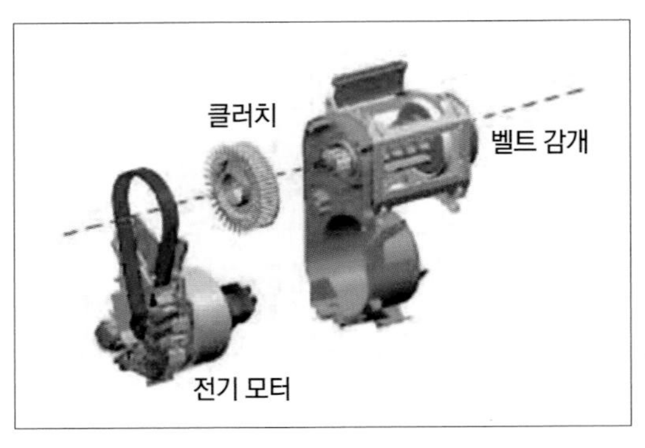

[그림 4] 가역적 안전벨트 견인기

1.4. 가상 엔진 사운드 시스템(VESS : Virtual Engine Sound System)

전기차와 하이브리드 자동차는 일반 가솔린 자동차에 비해 엔진 소음이 너무 적어 자동차가 보행자에 가까이 다가와도 느끼지 못하는 안전과 직결된 문제점이 노출되고 있다. 저속 운행 시 VESS는 보닛 아래에 인위적인 전자음을 내는 스피커를 장착해 보행자로 하여금 차량이 주행하고 있음을 알리는 장치이다.

1.5. 보행자 감지(Pedestrian Detection)

보행자 감지를 위해 사용되는 센서에는 단안 카메라(Monocular Camera), 스테레오 카메라(Stereo Camera), 적외선 카메라(Infrared Camera), 레이더(Radar), 라이더(Laser Radar), 혼합방식(Hybrid) 등이 있으며, 보행자 감지에 관한 다양한 연구 결과는 다음과 같다.

[1] 비전센서(Vision Sensor)

비전센서(Vision Sensor)는 센서 형식의 완전한 화상 처리 시스템으로 하우징 안에 이미징센서, 조명(또는 조명 연결부), 광학장치(또한 교환 렌즈), 하드웨어/소프트웨어 및 PLC 연결을 위한 이더넷과 디지털 인터페이스가 통합되어 있다.

[그림 5] 비전센서를 이용한 보행자 검지

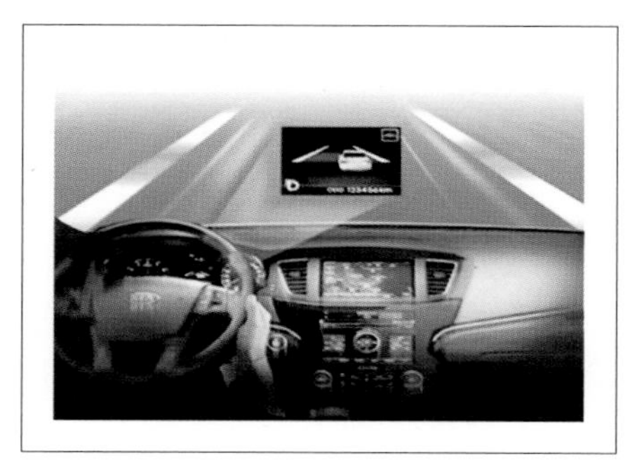

[그림 6] 비전센서를 이용한 영상 취득 비교

[2] 스테레오 비전(Stereo Vision)

스테레오 비전은 스테레오 카메라 두 대를 사용하여 주변 환경을 인식하는 방식으로, 삼각법을 기반으로 스테레오 카메라는 거리 정보를 획득할 수 있는 센서이다. 영상과 거리 정보를 동시에 제공할 수 있다.

스테레오 비전센서는 다음과 같은 기능을 수행한다.
① 보행자, 전방 차량, 교행 차량에 대한 제동 보조 기능이다.
② ACC(Adaptive Cruise Control)와 Stop & Go 기능이다.
③ Active Suspension 기능이다.

[3] 능동적 센서(Active Sensors)

마이크로웨이브를 이용하는 레이더(Radio Detection And Ranging)와 적외선 레이저를 이용하는 라이더(Laser Radar)는 전자파의 왕복시간(Time of Flight)을 이용하여 장애물까지의 거리를 측정하는 것이다.

[4] 센서 융합(Sensor Fusion)

센서 융합의 목적은 동일 대상에 대한 다수 센서의 정보를 이용하여 정밀도를 향상시킨다. 겹치지 않는 영역에 대한 정보의 통합을 통해 감지영역이 확대되고, 다수의 센서를 사용함으로써 신뢰도가 향상된다.

2. 섀시 통합 제어 시스템(VSM : Vehicle Stability Management)

섀시 통합 제어 시스템은 제동, 조향, 현가의 개별 시스템을 기반으로 센서 정보를 공유하면서 최적의 통합 제어 시스템을 구성하고 있다.

2.1. 개별 섀시 제어 시스템

[1] 능동형 현가장치(Full-Active Suspension System)

능동형 현가장치는 외부에서 에너지를 공급하여 스프링상수나 감쇠력을 주행조건에 대응하여 적절하게 조절하는 장치이다.

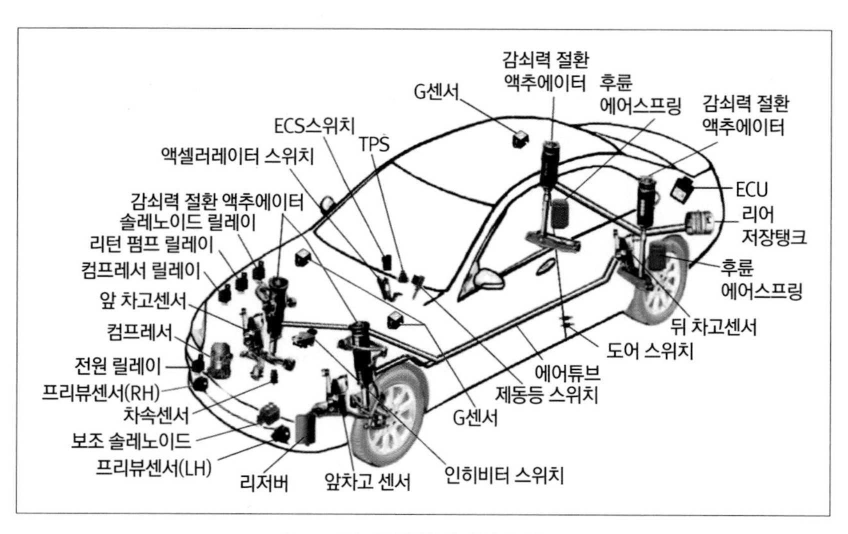

[그림 7] 능동형 현가장치 구성도

[2] 프리뷰 전자제어 서스펜션(Electronically Controlled Suspension with Road Preview)

프리뷰 전자제어 서스펜션은 초음파 펄스방식의 프리뷰센서(Preview Sensor), 수신센서 등을 이용하여 도로면의 상태를 사전에 검출하여 빠른 시간 내에 쇽업소버의 감쇠력을 바꾸거나, 공기 스프링의 압력조정 등을 통하여 충격을 훨씬 부드럽게 하여 승차감을 향상시킬 수 있는 장치이며, 프리뷰 제어(Preview Control)라 한다.

[그림 8] 프리뷰 제어

[3] 전동방식 동력 조향장치(MDPS : Motor Driven Power Steering)

전동방식 동력 조향장치는 자동차의 주행속도에 따라 조향 휠의 조향 조작력을 전자제어로 전동기를 구동시켜 주차 또는 저속에서는 조향 조작력을 가볍게 해주고, 고속에서는 조향 조작력을 무겁게 하여 고속주행 안정성을 운전자에게 제공한다. 자동차의 연료소비율 향상과 전기자동차에 적극적으로 대응하기 위한 장치(System)라 할 수 있다.

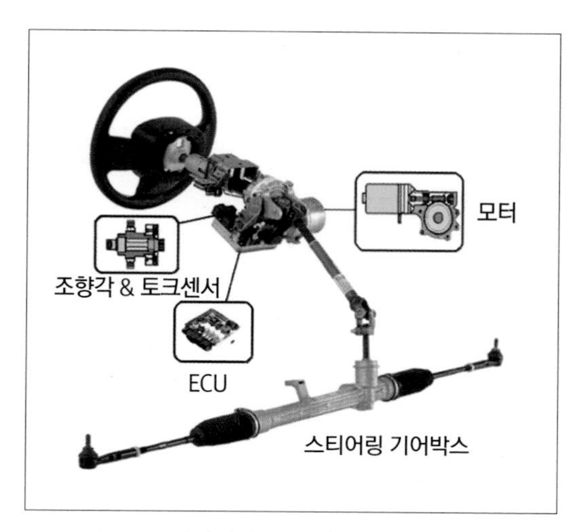

[그림 9] 전자제어 동력 조향장치의 구성도

[4] 타이어 공기압력 모니터링 시스템(TPMS : Tire Pressure Monitoring System)

타이어의 공기압을 감지하는 장치이다. 타이어의 공기압을 모니터링하여 일정 수준 이하로 낮아졌을 때, 계기판으로 경고 메시지를 보낸다.

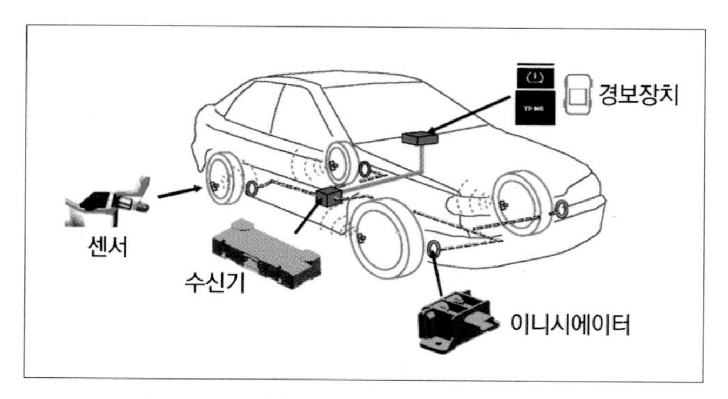

[그림 10] 타이어 공기압력 모니터링장치 구성도

[5] VDC(Vehicle Dynamic Control)

VDC는 ESP(Electronic Stability Program)라고도 하며, ABS와 TCS 제어를 비롯하여 요 모멘트 제어와 자동 감속기능을 포함하여 자동차의 자세를 제어하는 장치이다.

[6] EHB(Electro-Hydraulic Brake), EMB(Electro-Mechanical Brake), 회생제동 브레이크

① EHB(Electro-Hydraulic Brake)

EHB(전기유압식 브레이크)는 엔진의 동력에 의해 작동하던 종래의 유압식 브레이크를 개선한 것으로서, 전기모터에 의해 유압을 발생시켜 제동하는 방식이다. 엔진 정지 시에도 제동이 가능하여 하이브리드 자동차에 적용되고 있다.

② EMB(Electro-Mechanical Brake)

전기기계식(EMB)은 유압을 전혀 사용하지 않는 완전한 BB-W(Brake by Wire)로 볼 수 있으며, 전기적인 방식으로 각 휠에 장착된 전동 캘리퍼 또는 전자식 디스크를 모터에 의해 제어하여 제동력을 발생시키는 제동 시스템이다.

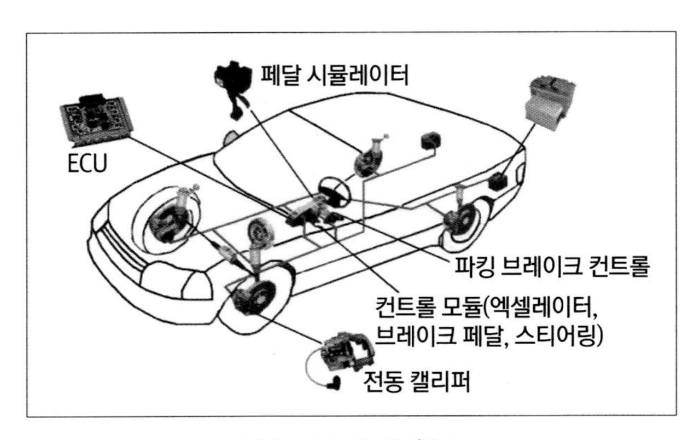

[그림 11] EMB 구성요소

③ **회생제동장치**(Regenerative Brake)

회생제동장치는 제동 시 발생하는 운동에너지를 전기에너지로 변환하여 배터리를 재충전하였다가 발진, 가속, 등판 시에 재사용하는 일련의 시스템을 말한다.

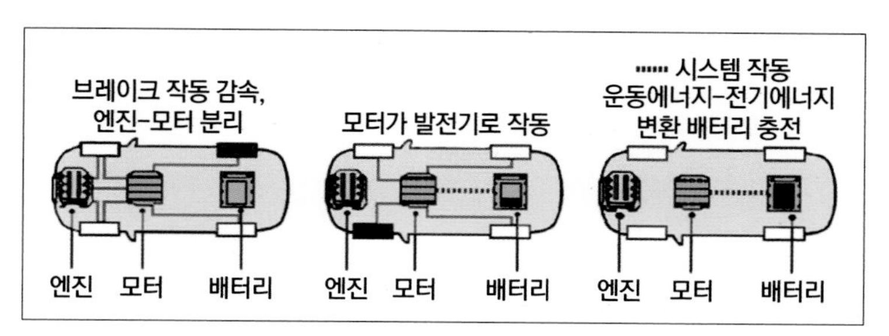

[그림 12] **회생제동장치 작동 과정**

2.2. DBW(Drive By Wire)

DBW는 자동차와 운전자 사이의 직접적인 연결이다. 즉, 스티어링, 브레이크 및 엔진제어 등은 신뢰성이 있지만, 까다로운 시스템을 물리적이 아닌 전자식으로 제어한다.

① SBW(Steer-By-Wire) 시스템을 이용하면 스티어링휠은 더 이상 스티어링 랙에 직접 연결될 필요가 없을 것이며, 강력한 브래킷이나 연결 공간 또는 현재 사용하고 있는 충격 보호 시스템 등이 필요 없게 된다.

② BBW(Brake-By-Wire) 시스템은 전동식 주차 브레이크장치이다.

2.3. 통합 충돌안전 제어 시스템(Pre-Crash Safety System)

밀리파 레이다센서를 이용하여 전방의 주행 상황을 검지하고 충돌위험이 발생하면 운전자에게 경보를 한다. 충돌을 피할 수 없는 경우에는 전동 안전벨트 및 제동 액추에이터를 자동으로 제어하여 피해를 최소화하는 시스템이다.

[그림 13] 통합 충돌안전 시스템의 개념도

2.4. 나이트비전(야간 시야 개선장치, Night Vision)

나이트비전 시스템(Night Vision System)은 야간 주행 시 운전자에게 개선된 시야를 제공해 주기 위하여, 적외선 영역을 이용하여 시야를 확보하고 확보된 시야를 기반으로 전방의 동물 및 보행자를 감지하여 운전자에게 주의를 줌과 동시에 충돌 예상 시 후속조치가 가능한 신호를 차량에 보내주는 시스템을 말한다.

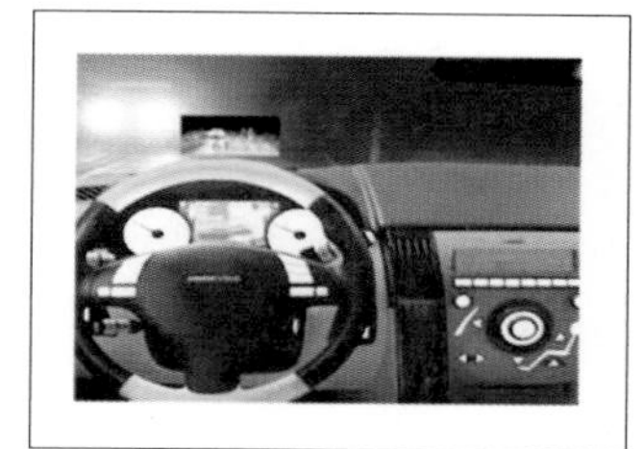

[그림 14] **나이트비전**

2.5. HUD(Head up Display)

HUD는 전방표시장치로서 차량 주행에 필요한 정보인 차량 현재 속도, 연료 잔량, 내비게이션 길안내 정보 등을 운전자 바로 앞 유리창 부분에 그래픽 이미지로 투영해주는 장치이다. 고속으로 운전할 때 운전자가 시선을 돌리지 않아도 되어 안전을 확보하는 역할을 한다.

[그림 15] Head up Display

3. 경고(Warning) 및 안전(Security)을 위한 편의(Comfort) 기술

3.1. 자율주행(Autonomous Driving)

자율주행은 사전적 의미로는 자동차나 비행기 등의 기계가 외부 힘을 빌리지 않고 자체 판단에 따라 움직이는 것을 말한다. 자율주행 기술은 차선이탈 방지시스템, 차선변경 제어기술, 장애물 회피 제어기술 등을 이용하는 것으로, 출발지와 목적지를 입력하면 최적의 주행경로를 선택하여 자율주행토록 하는 시스템이다.

[그림 16] **자율주행**

3.2. 첨단 운전자보조 시스템(ADAS : Advanced Driver Assistance System)

ADAS란 자동차를 안전하고 편리하게 운행할 수 있도록 운전자의 운전을 보조하고, 지원하는 시스템을 말한다.

[1] 크루즈 컨트롤(Cruise Control)

① **스마트 크루즈 컨트롤**(SCC : Smart Cruise Control)

스마트 크루즈 컨트롤(SCC)은 전방의 레이더센서가 선행 차량을 인식, 운전자가 미리 지정한 속도를 조절하며, 차간거리를 유지시켜 주행하는 능동적인 정속주행장치이다.

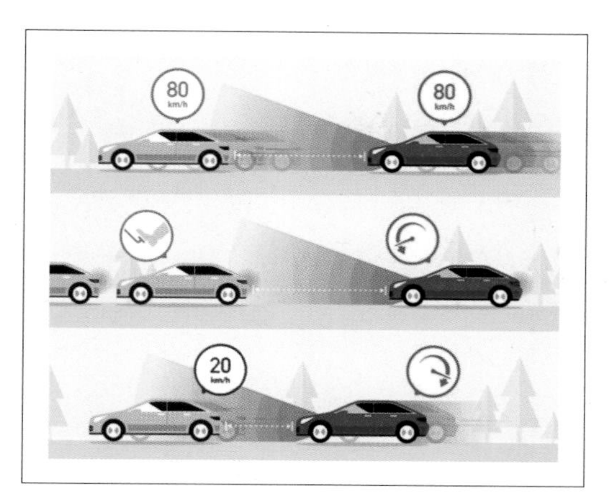

[그림 17] **스마트 크루즈 컨트롤**

② **내비게이션 기반 스마트 크루즈 컨트롤**(NSCC : Navigation-based Smart Cruise Control)

주변의 차 정보와 내비게이션 지도를 통한 도로 정보까지 더해 고속도로 또는 도로 상황에 맞춰 적절한 속도로 주행할 수 있도록 도와준다.

[2] 차선 유지(Lane Keeping)

① **차선 이탈 경보 시스템**(LDWS : Lane Departure Warning System)

차선 이탈 경보 시스템(LDWS)은 전방 카메라 영상과 차량 신호 정보를 이용하여 운전자의 부주의에 의하여 일정 이상인 상황에서 차선 이탈 여부를 판단한 후 차선 이탈 위험이 예측되는 경우 사고가 발생하는 것을 방지해주는 경보 시스템이다.

[그림 18] **차선 이탈 경보 시스템**

② **차선 유지 보조 시스템**(LKAS : Lane Keeping Assist System)

LDWS보다 한 단계 진화된 LKAS는 경고 신호를 보내는 것만이 아닌 자동차가 주행에 개입하는 차선 유지 보조 시스템이다.

[그림 19] **차선 유지 보조 시스템**

[3] 어라운드 뷰 모니터링 및 후측방 경보

① **어라운드 뷰 모니터링**(AVM : Around View Monitoring)

어라운드 뷰 모니터링(AVM) 시스템은 차량 주변 360도 상황을 차량 위에서 내려다 본 듯한 화면을 실시간 영상으로 제공하는 주차지원 시스템이다.

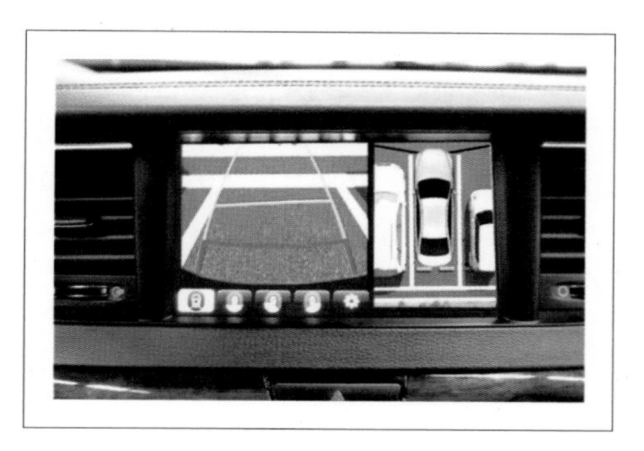

[그림 20] **어라운드 뷰 모니터링**

② **후측방 경보 시스템**(BCW : Blind-Spot Collision Warning System)

후측방 경보 시스템은 자신의 차량 후방과 측방(좌우)에 다른 차량이나 장애물이 있을 경우 레이더에 물체가 감지되면 사이드 미러에 경보 인디케이터를 작동시키거나 부저를 울리는 것이다.

[그림 21] **후측방 경보 시스템**

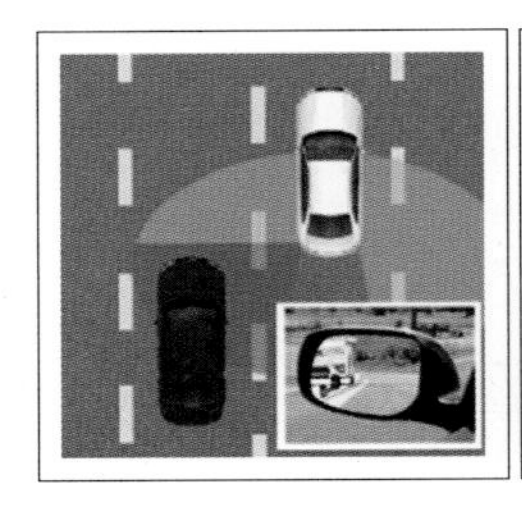

(a) BSD (b) LCA (c) RCTA

[그림 22] **후측방 경보 시스템 3대 기능**

③ **후방 모니터 시스템**(전자미러)(RVM w/e-Mirror : Rear View Monitor with e-Mirror)

자동차 양쪽에 있는 사이드미러와 룸미러로 관찰할 수 있는 후방 상황을 카메라를 통해서 모니터로 보여주는 기술이다.

[그림 23] **후방 모니터 시스템(전자미러)**

[4] 충돌방지(Collision Avoidance)

① **자동 긴급제동 시스템**(AEBS : Autonomous Emergency Braking System)

AEB 시스템은 레이더와 카메라를 이용하여 전방의 충돌 위험 물체를 감지하고, 위험 상황 시 경보와 자동제동 등을 통해 사고를 회피하는 시스템이다.

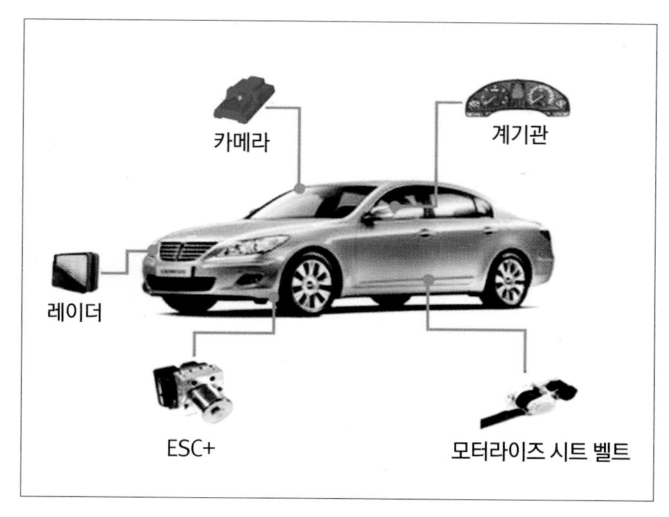

[그림 24] 자동 긴급제동 시스템

② **전방추돌 경고 시스템**(FCWS : Forward Collision Warning System)

전방추돌 경고 시스템 기능은 운전자 차량과 앞차 간의 안전거리가 확보되지 않을 경우 장치에서 이를 감지하여 운전자에게 알려준다. 장치에서 GPS를 통해 차량 속도를 확인하고, 해당 속도를 기준으로 추정된 다음 안전거리를 계산하여 차량 속도가 50km/h(30mph)를 넘으면 자동으로 작동한다.

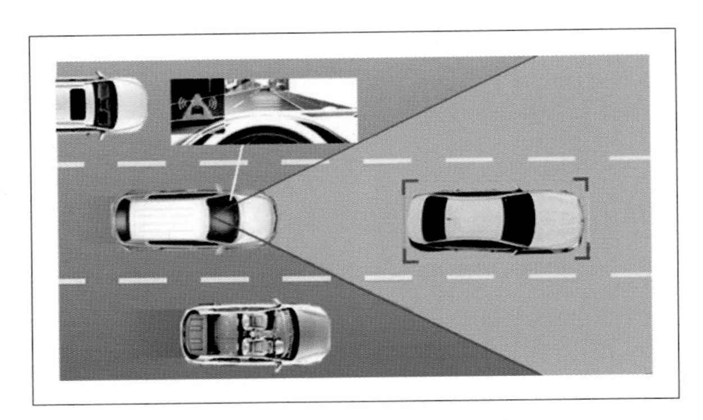

[그림 25] 전방추돌 경고 시스템

③ **전방 충돌방지 보조 시스템**(FCA : Forward Collision-Avoidance Assist)

전방 충돌방지 보조 시스템(FCA)은 주행 중 전방 차량과의 충돌 위험이 감지되면 차량의 브레이크를 자동으로 작동시켜 충돌을 방지하거나 사고 충격을 완화하기 위한 안전 시스템이다. 전방 충돌 경고 시스템(FCW)의 업그레이드 버전으로 자동 브레이크 작동 기능이 추가된 시스템이다.

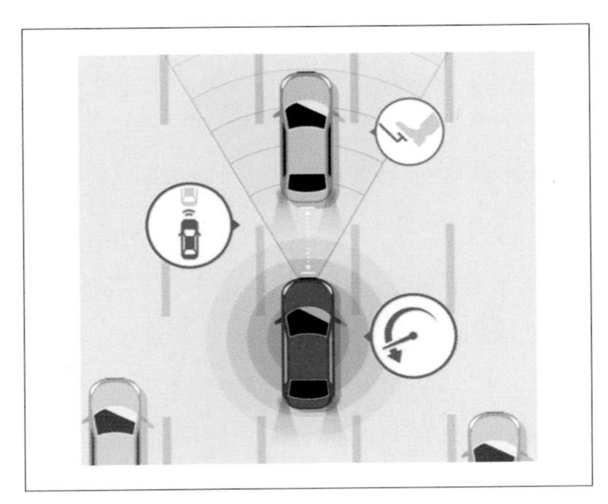

[그림 26] 전방 충돌방지 보조 시스템

[5] 사각지대 경보 시스템(BSW : Blind Spot Warning)

BSW는 운전석에서 좌우 후사경(Back Mirror)으로 쉽게 확인하기 어려운 측면의 사각지대에 위치한 다른 차량을 감지하여 운전자에게 안내하거나 경고해 주는 시스템이다. 이 시스템은 측면의 사각지대에 접근한 다른 차량을 시각적 또는 청각적으로 경고하여 진로 변경 시 운전자의 안전운전을 유도한다.

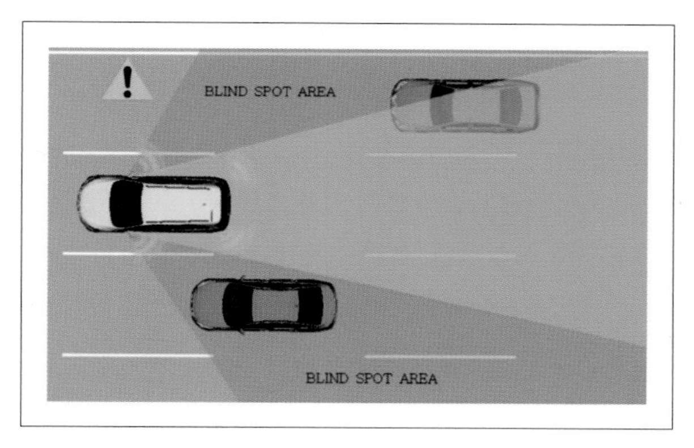

[그림 27] **사각지대 경보 시스템**

[6] 자동주차(Automatic parking)

① **주차 보조 시스템**(PAS : Parking Assist System)

후진 시 편의성 및 안전성을 확보하기 위하여 운전자가 기어선택 레버를 후진에 넣으면 후방주차보조장치가 작동하여 장애물이 있다면, 초음파센서에서 초음파를 발사하여 장애물에 부딪혀 되돌아오는 초음파를 받아서 컨트롤 유닛에서 차량과 장애물과의 거리를 계산하고, 버저의 경고음(장애물과의 거리에 따라 1차, 2차, 3차 경보를 순차적으로 울린다)으로 운전자에게 알려주는 장치이다.

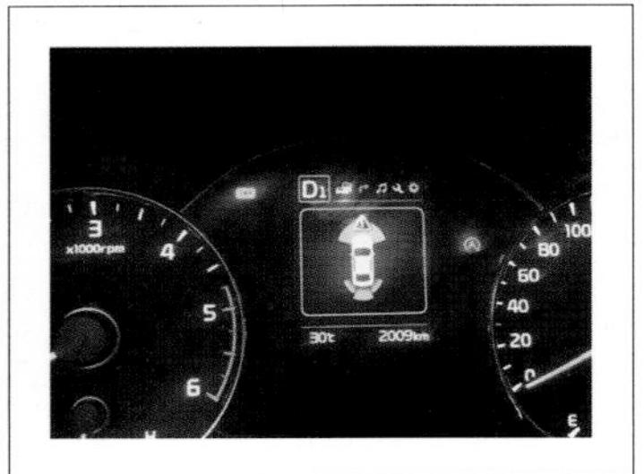

[그림 28] **전후방 주차 보조 시스템**

② **주차 조향 보조 시스템**(SPAS : Smart Parking Assist System)

주차 조향 보조 시스템은 전, 후방 감지센서와 음성 안내로 스티어링휠의 조작 없이 자동으로 주차를 도와주는 기능이며, 현재 직각 주차, 평행 주차가 개발되어 있다. 주차 조향 보조 시스템 사용 시 운전자는 변속기와 페달만 음성 안내에 따라 조작하기만 하면 된다.

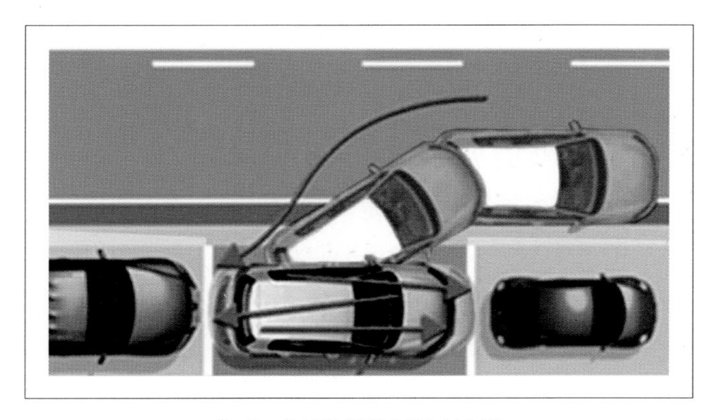

[그림 29] **주차 조향 보조 시스템**

③ **주차 충돌방지 시스템**(PCAA : Parking Collision-Avoidance Assist)

주차 충돌방지 시스템(PCAA)은 저속 후진 시 후방에 위치한 다른 차량, 보행자 또는 장애물과의 충돌이 예상되는 경우에 이를 경고하고, 긴급 제동을 지원하는 주차 안전 시스템이다.

[그림 30] **주차 충돌방지 시스템**

④ **원격 스마트 주차 보조**(RSPA : Remote Smart Parking Assist)

하차 후 스마트키를 이용해 원격으로 전진, 후진, 후진 주차를 가능케 한다.

⑤ **안전 하차 보조**(SEA : Safety Exit Assist)

주차 후 하차 시 후측방 차량과 충돌 위험이 있는 경우 뒷좌석 문을 잠금 상태로 유지하고 경고하는 기능이다.

[7] 고속도로 주행 보조 시스템(HDA : Highway Driving Assist)

HDA는 고속도로에 진입하면 HDA가 활성화되어 간격, 속도, 차선, 후측방 경고 등 고속도로 주행을 복합적으로 지원하는 시스템이다. HDA는 고속도로 주행 시 운전자 편의성 증대와 안정성 향상을 위해 적용된 기능이다.

[그림 31] 고속도로 주행 보조 시스템

5장
친환경 자동차
[ECO Friendly Vehicles]

1. 하이브리드 전기자동차(HEV : Hybrid Electric Vehicle)

하이브리드 전기자동차는 두 가지 이상의 구동계를 사용하도록 만들어진 자동차이다. HEV는 주 동력원이 화석연료(열에너지)고, 보조동력원이 전기에너지인 전기차를 뜻한다. 즉, 연료탱크를 기반으로 한 내연기관과 배터리 기반의 전기모터가 같이 탑재된 차량이다.

1.1. 하이브리드 전기자동차의 종류

[1] 풀 하이브리드(Full Hybrid)

풀 하이브리드는 가솔린, 디젤과 같은 연료를 연소하여 엔진에 동력을 공급하는 것은 물론이고, 전기모터만으로도 직접 구동할 수 있다.

[2] 마일드 하이브리드(Mild Hybrid)

엔진 동력이 기본이고 모터는 보조만 한다. 모터로만 구동이 불가능하다. 마일드 하이브리드 자동차는 기존 시스템에서 12V였던 전원전압이 마일드 하이브리드 자동차의 경우 4배 높은 48V이다.

[3] 플러그인 하이브리드(PHEV : Plug-In Hybrid Electric Vehicle)

주행에 엔진이 전혀 참여하지 않고, 엔진은 발전용으로만 쓰인다. 가정용 전기나 외부 전기콘센트에 플러그를 꽂아 충전한 전기로 주행하다가, 충전한 전기가 모두 소모되면 발전용 엔진으로 움직이는 내연기관 엔진과 배터리의 전기 동력을 동시에 이용하는 자동차이다.

1.2. 하이브리드 전기자동차 배터리 시스템(Hybrid Electric Vehicle Battery System)

하이브리드 자동차는 전기모터를 구동하는 고전압 배터리와 자동차 전장 시스템에 전원을 공급하는 12V 저전압 배터리로 구성되어 있다. 고전압 배터리 시스템은 고출력, 고에너지, 고내구성을 가지고 있는 배터리와 배터리 상태 예측, 입/출력 에너지 제한, 냉각 및 안전 제어 그리고 에너지 잔존 용량 계산 등을 총괄 제어하는 배터리 제어기를 포함하고 있다.

그 외에도 배터리 보호를 위한 트레이 부분과 배터리의 최적 동작 환경 조성을 위한 냉각 시스템, 전원공급 및 안전 제어를 위한 각종 릴레이와 퓨즈, 안전 플러그 및 센서 등으로 구성되어 있다.

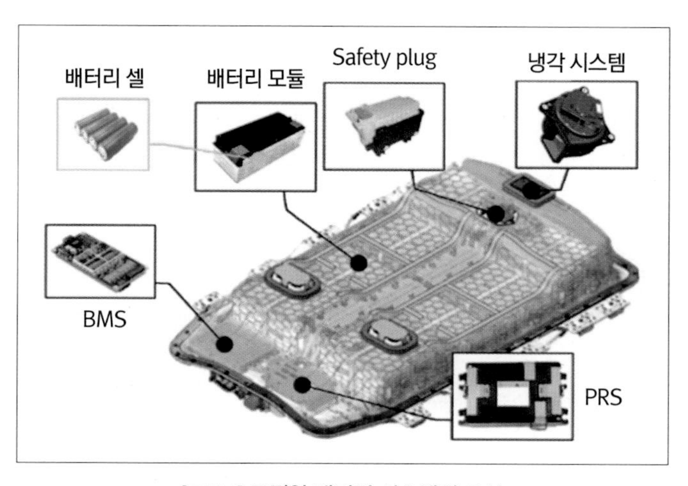

[그림 1] **고전압 배터리 시스템의 구성**

[1] 메모리 효과(Memory Effect)

배터리가 완전 방전되지 않은 상태에서 충전을 되풀이함으로써 방전할 때의 전압이 표준상태보다 일시적으로 저하되는 현상을 가리키며, 배터리의 수명도 짧아진다. 충전상태의 80% 부근과 40% 부근을 적절히 사용하도록 제어함으로써 배터리 내구성을 확보하고 있다.

[2] 캐퍼시터(Capacitor)

전기 이중층 콘덴서를 말한다. 캐퍼시터는 짧은 시간에 큰 전류를 축적, 방출할 수 있기 때문에 발진이나 가속을 매끄럽게 한다.

[3] PRA(Power Relay Assembly, 파워 릴레이 어셈블리)

PRA 내부에는 메인(+, -) 릴레이, 프리차지 저항과 릴레이가 있다. 또한 PRA 온도센서, 고전압과 저전압 전류센서 및 솔라루프 시스템의 고전압 충전 관련 퓨즈가 있다.

[4] BMS(Battery Management System)

BMS는 배터리를 관리하는 시스템이다. 배터리의 전류, 전압, 온도 등을 센서를 통해 측정하고, 미리 파악하여 배터리가 최적의 성능을 발휘할 수 있도록 제어한다.

[5] 12V 배터리(12V Battery)

하이브리드 자동차의 경우 고전압 배터리를 이용하여 동력에 사용하고 있으므로, 일반 전기장치의 경우는 보조 배터리(12V 배터리)를 통해서 전원을 공급받는다.

1.3. 하이브리드 전기자동차의 구성

[1] 모터(Motor)

하이브리드 구동 모터는 하이브리드 차량의 핵심 동력원으로 전기차(EV) 모드에서 엔진의 도움 없이 차량을 움직이고, 일반 주행 시에는 엔진의 출력을 보조하며, 감속 시 발생하는 전기에너지를 배터리에 충전시키는 역할을 한다.

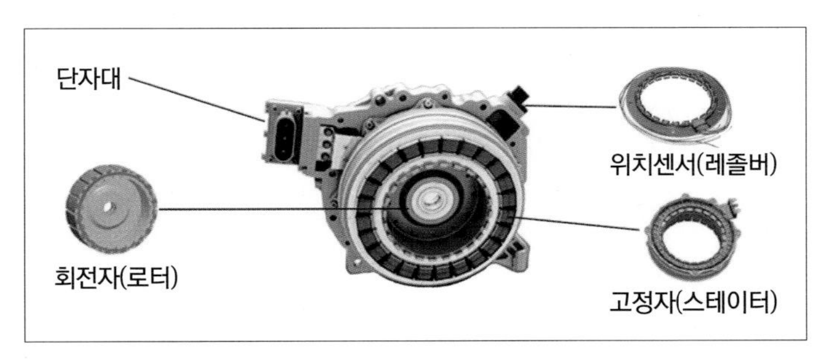

[그림 2] HEV 모터

[2] 제어기의 구성

① **엔진 컨트롤 유닛**(ECU : Engine Control Unit)

엔진을 제어하는 ECU(engine control unit)는 일반 차량에도 있는 것으로, 엔진을 동작하거나 연료 분사량과 점화 시기를 조절한다.

② **변속기 컨트롤 유닛**(TCU : Transmission Control Unit)

TCU는 변속기를 제어한다.

③ **HPCU**(Hybrid Power Control Unit, 전력변환시스템)

HPCU는 HCU, MCU, LDC(DC-DC 컨버터), 고전압 정션 블록,

HEV 냉각장치가 하나로 구성된 제어기들의 Ass'y이다. 이 중 HCU는 모든 HEV 제어기의 중앙 제어 역할을 수행하며, 차량의 주행(고전압 제어) 및 경고, 12V 배터리 충전과 같은 전반적인 제어를 수행한다.

④ MCU(Motor Control Unit, 모터 컨트롤 유닛)

모터 컨트롤 유닛은 하이브리드 모터 제어를 위한 컨트롤 유닛이다. 모터 컨트롤 유닛은 HCU(hybrid control unit)의 토크 구동명령에 따라 모터로 공급되는 전류량을 제어하여 각 주행특성에 맞게 모터와 HSG(Hybrid Starter Generator)의 토크를 제어하고, 회전 속도와 온도를 HCU로 피드백한다.

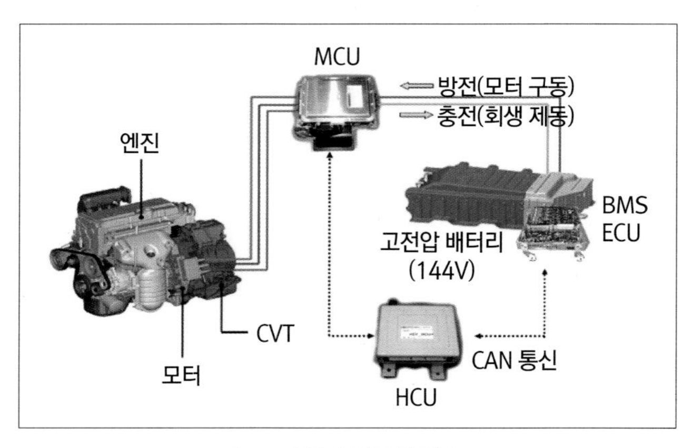

[그림 3] **모터 제어의 개요**

⑤ LDC(Low Voltage DC-DC Converter)

LDC는 고전압 배터리 전력을 차량의 기본 전장 부하에 공급할 수 있도록 고전압을 저전압(12V)으로 전환시켜 주는 모듈이다.

⑥ **하이브리드 컨트롤 유닛**(HCU : hybrid control unit)

하이브리드 컨트롤 유닛은 전체 하이브리드 전기자동차 시스템을 제어하므로 각 하부 시스템 및 제어기의 상태를 파악하며, 그 상태에 따라 가능한 최적의 제어를 수행하고, 각 하부 제어기의 정보사용 가능 여부와 요구(명령) 수용 가능 여부를 적절히 판단한다.

1.4. 아킨슨 사이클 엔진(Atkinson Cycle Engine)

아킨슨 사이클은 압축행정과 팽창행정이 동일한 기존 사이클과는 달리 압축행정이 팽창행정에 비해 짧다. 압축행정 시 흡기밸브의 닫힘 시기를 지연하여 유효 압축행정을 짧게 하는 것이다.

아킨슨 사이클의 장점은 압축행정 시 발생되는 펌핑 손실을 최소화하고 연소 시 발생하는 에너지는 최대로 활용하므로 연비가 향상된다는 것이다. 반면에 압축되는 연료-공기혼합기(fuel-air mixture)가 적어 엔진 출력이 떨어지는 단점이 있어 일반 차량에는 사용되지 않고 있다.

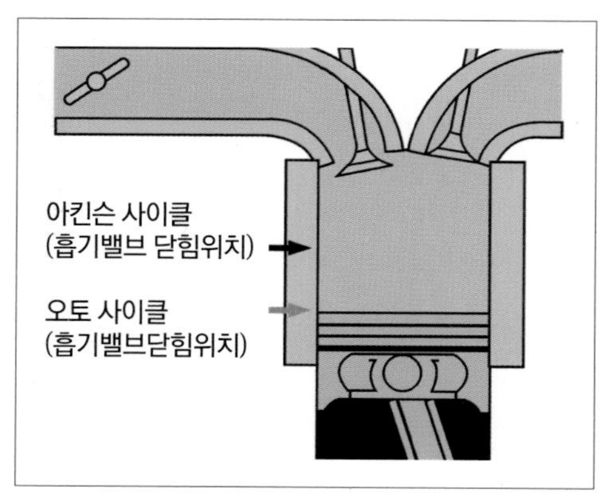

[그림 4] **아킨슨 사이클**

2. 전기자동차(EV : Electric Vehicle)

전기 공급원으로부터 충전받은 전기에너지를 동력원(動力源)으로 사용하는 자동차이다. 전기자동차는 전기가 동력원이며 내연기관 대신 전동기로 구동력을 발생시킨다. 전기는 동력으로 변환되는 과정에서 오염물질이 배출되지 않아 공해가 없으며 동력변환 효율이 매우 우수하고, 회생제동, 전기댐퍼 등을 이용해 버려지는 에너지를 회수하기도 용이하다.

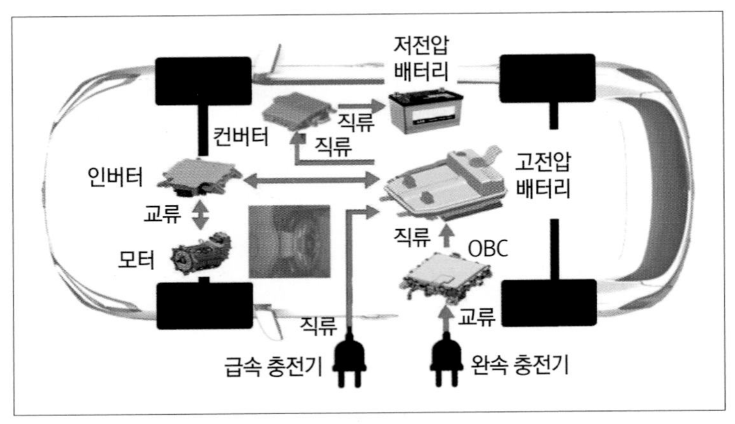

[그림 5] 전기자동차의 전기 에너지 흐름

2.1. 전기자동차 전지 종류

[1] 리튬이온 전지(Lithium-ion battery, Li-ion battery)

리튬이온 배터리는 리튬을 저장할 수 있는 물질을 양극과 음극의 재료로 사용하여 배터리가 충・방전을 하면서 리튬이온(Li^+)이 양극과 음극 사이를 이동함으로써 외부로 전기를 생성하는 방식의 배터리를 말한다.

[2] 리튬폴리머 전지(Lithium Polymer Battery)

리튬폴리머 전지는 리튬이온 전지와 유사하나 리튬이온 전지의 전해액을 고분자물질로 대체하여 안정성을 높인 것이 다르다. 또한 리튬폴리머 전지는 음극으로 리튬금속을 사용하는 경우와 카본을 사용하는 경우가 있는데, 카본음극을 사용하는 경우를 구별하여 리튬이온폴리머 전지로 표기하는 경우가 있으나, 대부분의 경우 편의상 리튬폴리머 전지로 통용하고 있다.

2.2. 전기자동차 전지의 충전

① **인덕티브 충전방식**(Inductive Charging) : 변압기 원리를 응용한 전자유도에 의해 에너지를 전달하는 방법이다.

② **컨덕티브 충전방식**(Conductive Charging) : 일반적인 전기접속 방법에 따라 단자간 접촉으로 에너지를 전달하는 방법이다.

2.3. 전기자동차의 주요 부품

[1] 구동모터(EV Traction Motor)

전기자동차에서 모터는 구동용 모터 혹은 회생용 모터의 용도로 사용된다. 인버터에 의한 모터 회전수 제어로 주행속도를 제어한다. 전기자동차의 파워트레인에 사용되는 모터는 승용차의 주행용으로 사용되는 모터의 경우, 출력은 10~60kW 정도가 일반적이다.

[그림 6] 인덕션 모터

[2] 인버터(Inverter), 컨버터(Converter)

인버터는 직류전력을 교류전력으로 변환하는 장치(DC→AC), 즉 역변환장치이다. 전지에서 얻은 직류전압 신호 또는 에너지의 모양을 바꾸는 장치(AC→DC)이자 조정하는 장치로 컨버터(converter, 변환기)라고 부른다.

[3] 모터제어기(MCU : Motor Control Unit)

액셀페달 조작량 및 속도를 검출해서 의도한 구동토크 변화를 가져올 수 있도록 차속이나 부하 등의 조건에 따라 모터의 토크 및 회전속도를 제어한다.

[4] 회생제동장치(Regenerative Braking System)

회생제동장치는 브레이크를 밟을 때 모터가 발전기의 역할을 하게 된다는 개념이다. 전기자동차의 에너지 소비를 줄여주는 데 있어 매우 중요한 역할을 하는 것이 회생 브레이크이다.

[5] 전지 시스템(BMS : Battery Management System)

전지 시스템(BMS)은 실시간으로 2차전지의 전류·전압·온도 등을 측정해 에너지의 충·방전 상태와 배터리 잔여량을 제어하는 것으로, 타 제어 시스템과 통신하며 전지가 최적의 동작 환경을 조성하도록 환경을 제어하는 2차 전지의 필수부품이다.

[6] 전력제어장치(EPCU : Electric Power Control Unit)

① **저전압 직류 변환장치**(LDC : Low voltage DC-DC Converter) : LDC는 저전압 직류 변환장치로서 전기차에는 알터네이터(alternator, 교류발전기)가 없다. 배터리의 고전압(DC 360V)이 LDC를 거쳐 저전압으로(DC 12V) 변환되면서 차량에서 사용되는 전자기기들(전조등, 와이퍼, 펌프, 제어보드 등)에 전력을 공급한다.

② **차량 제어 유닛**(VCU : Vehicle Control Unit) : 차량 제어를 하는 데 있어 모든 관여를 한다. 구동모터 제어, 회생제동 제어, 공조 부하 제어, 전장 부하 전원 공급 제어, 클러스터 표시, DTE(Distance to Empty), 예약/원격 충전/공조, 아날로그/디지털신호 처리 및 진단 등 차량을 운행하는 데 있어 매우 중요한 일을 한다.

[7] 감속기(EV Speed Reducer)

감속기는 모터의 회전을 바퀴에 효율적으로 전달하기 위해 탑재하는 장치이다. 모터의 회전수(RPM)를 필요한 수준으로 감속해 더 높은 회전력(토크)을 얻을 수 있도록 조정하는 역할을 한다.

(a) Offset Type A (b) Offset Type B (c) Inline Type

[그림 7] EV 감속기

[8] OBC(On Board Charger)

전기차의 온보드 차저는 완속 충전 시 외부 교류 전원(AC)을 승압하고, 직류전원(DC)으로 변환하여 전기차 배터리를 충전시키는 역할을 수행하는 장치이다.

3. 수소 연료 전지자동차(FCEV : fuel cell electronic vehicle)

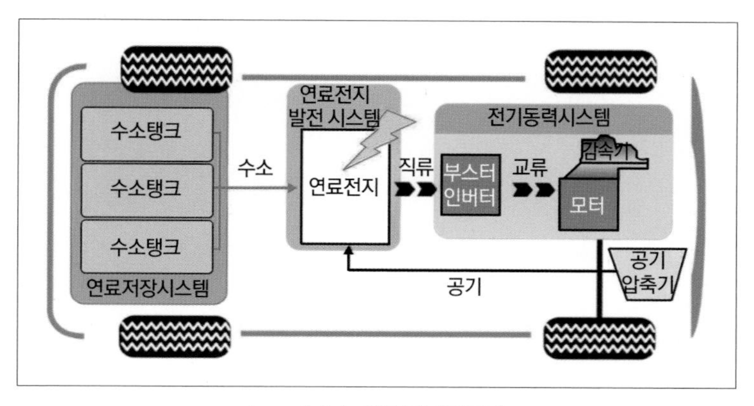

[그림 8] **수소 연료 전지자동차**

수소 연료 전지자동차는 수소(H_2)와 산소(O)가 반응해 물(H_2O)을 생성하고, 생성하는 과정에서 발생되는 전기적인 에너지를 저장해 전원으로 사용하는 자동차를 말한다. 즉, 수소와 공기 중 산소를 반응시켜 발생되는 전기로 모터를 돌려 구동력을 얻는 친환경 자동차이다.

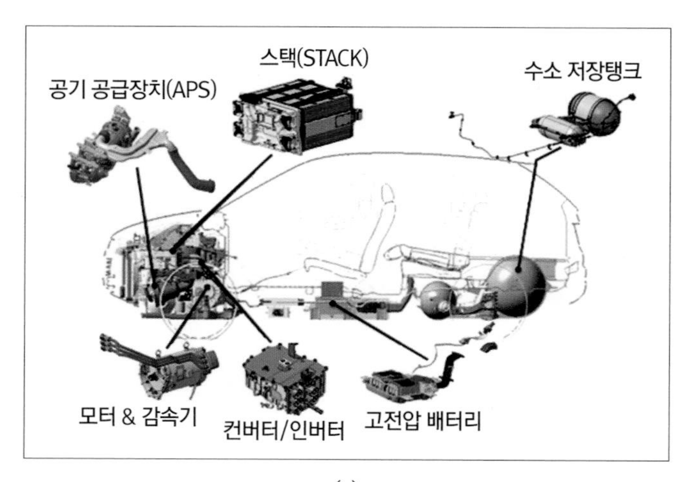

(a)

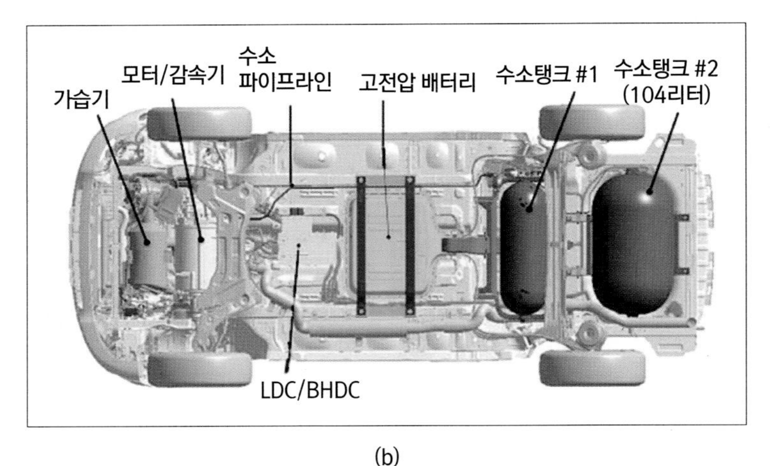

(b)

[그림 9] **수소 연료 전지자동차의 구성부품**

3.1. 연료전지 스택(Stack)

연료전지 스택의 구성요소는 막전극접합체(MEA : Membrane Electrode Assembly), 가스확산층(Gas Diffusion Layer), 분리판(Bipolar Plate), 개스킷(Gasket) 체결기구, 인클로저 등이 있다.

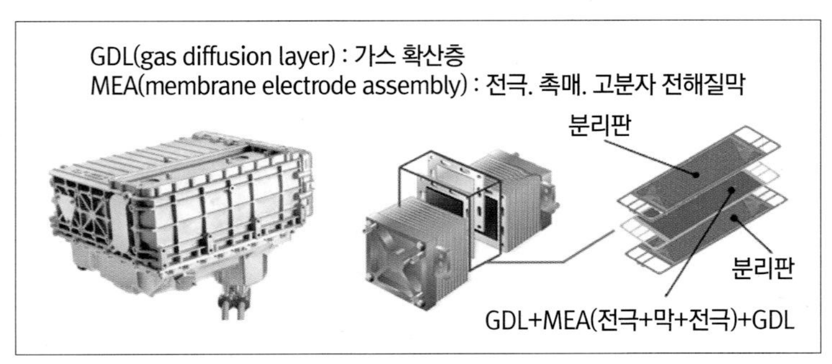

(a) 스택모듈 (b) 스택 내부구성

[그림 10] **연료전지 스택**

[1] 막전극 집합체(MEA : Membrane Electrode Assembly)

막전극 집합체(MEA)는 연료극과 공기극 사이에 위치하는 전해질막(Membrane)이 접합되어 있는 구조이다. 막전극 집합체(MEA)는 수소의 전기화학적 반응을 통해 전기에너지를 생산하는 역할을 한다.

[2] 가스확산층(GDL : Gas Diffusion Layer)

연료 전지는 일반적으로 세퍼레이터(분리판), 가스확산층, 촉매층, 전해질막, 촉매층, 가스확산층, 세퍼레이터 순서대로 적층하여 구성된다. 가스확산층은 세퍼레이터로부터 공급되는 가스(수소, 산소)를 촉매로 확산하는 역할을 한다.

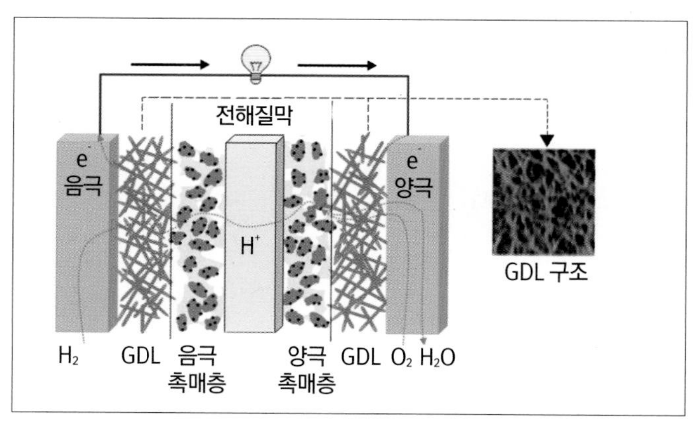

[그림 11] **연료 전지 가스확산층(GDL)**

[3] 분리판(Separator)

연료 전지용 분리판은 MEA(막전극 접합체), GDL(기체확산층)과 함께 스택을 구성하는 핵심 부품이다. 수소, 산소, 냉각수를 각각

분리하여 MEA 전면에 균일하게 분배 및 공급하며, 전기화학 반응에 의해 생성된 전류를 수집(Anode) 및 전달(Cathode)하는 역할을 한다. 뿐만 아니라 다수의 셀 적층 시 MEA 및 GDL과 같이 강성이 없는 부품을 지지해주는 지지체 역할도 수행한다.

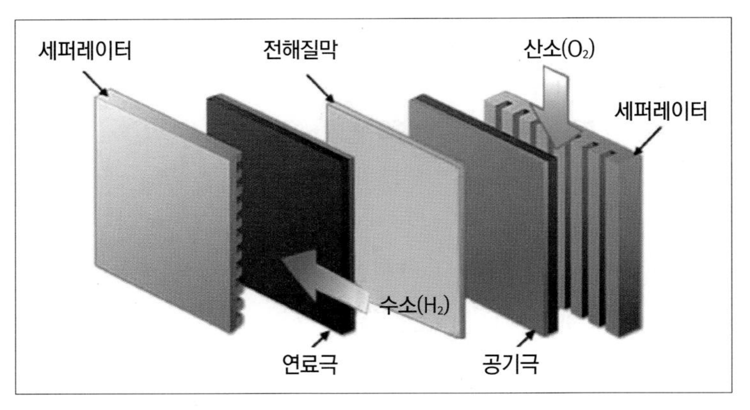

[그림 12] **연료 전지 스택 안 분리판 위치**

[4] 개스킷(Gasket)

개스킷은 가스 및 냉각수가 외부로 유출되거나, 서로 섞이는 것을 방지한다. 개스킷은 MEA와 분리판 사이를 밀봉하는 역할을 수행한다. 고무 개스킷 재료로는 탄화수소계 탄성체의 경우 에틸렌 프로필렌 디엔 모노머(EPDM), 에틸렌 프로필렌 고무(EPR), 이소프렌 고무(IR), 이소부틸렌-이소프렌 고무(IIR) 등의 고무가 사용된다.

3.2. BOP(Balance of Plant)

내연기관에는 연료 및 공기공급, 냉각, 배기를 위한 장치로 구성된 엔진 운전장치가 있듯이, 연료전지 발전 시스템에도 같은 기능을 하는 연료전지 운전 장치가 있는데, 열 및 물질 수지 개념을 중요시하는 화학 공정에서는 이를 BOP라 하며, 연료 전지 운전장치는 연료 전지(Stack)에 연료(수소) 공급, 공기 공급, 냉각수를 공급하는 3가지로 구분된다.

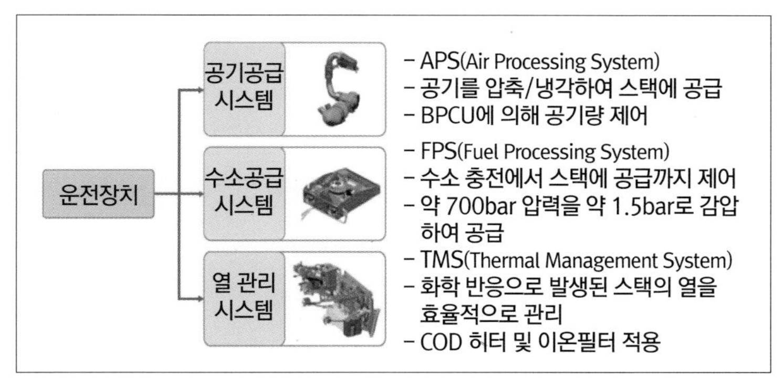

[그림 13] **연료 전지 운전장치 구성**

[1] 공기공급 시스템(APS : Air Processing System)

공기공급 시스템이란 전기화학반응을 위해 연료 전지 양극에 산소를 공급하는 장치를 말한다. 공기공급 시스템은 공기 중에 포함된 이물질을 여과하는 에어클리너와 에어클리너에서 여과된 공기를 압축하여 공급하는 공기 블로워 및 공기 블로워를 제어하는 컨트롤 박스를 포함하여 구성된다.

[2] 수소공급 시스템(FPS : Fuel Processing System)

① **수소연료탱크**(Hydrogen Fuel Tank)

부피가 큰 수소를 압축하여 저장한다. 수소전기차 연료탱크는 고강도 플라스틱 재질의 탱크를 탄소섬유 실로 감아 만든 초경량 복합소재 연료탱크로 만들어진다.

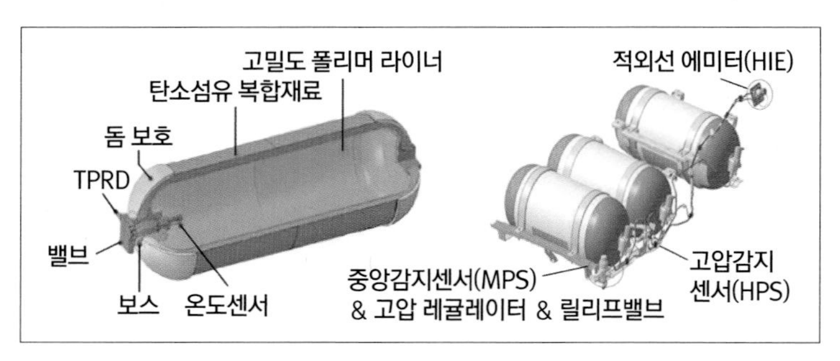

[그림 14] **수소연료탱크 구성**

② **고압감지센서**(HPS : High Pressure Sensor)

충전된 수소의 이상 고압을 감지하여 HMU(Hydrogen Storage System Management Unit)로 전송한다.

③ **중압감지센서**(MPS : Mid Pressure Sensor) & **고압 레귤레이터**(High Pressure Regulator) & **릴리프밸브**(Relief Valve)

체크밸브 블록에서 합쳐진 3개의 고압라인을 감압시키는 고압 레귤레이터와 이를 감지하는 중압감지센서 그리고 감압한 연료가 약 22bar 이상일 경우 중압을 대기로 방출시키는 안전장치인 릴리프밸브가 하나의 블록으로 구성된다.

④ **수소탱크밸브**(HTS : Hydrogen Tank Solenoid)

수소탱크밸브는 탱크 각각에 하나씩 적용되며 HMU가 제어한다. 밸브에는 탱크 내부에 저장된 수소를 공급라인으로 연결하는 솔레노이드밸브, 수소를 수동으로 차단할 수 있는 매뉴얼 차단밸브, 탱크 내부 온도를 감지하는 온도센서가 일체로 구성된다.

⑤ **수소차단밸브**(FBV : Fuel Block Valve)

수소차단밸브는 고압 어큐물레이터에 의해서 감압된 17bar의 수소를 스택으로 공급한다. 밸브에 전류가 공급되면 전기장에 의해서 플런저가 위쪽으로 움직이게 된다. 이때 수소가 통과를 한다. 전류의 흐름을 차단하면 스프링에 의해서 플런저는 다시 내려오면서 수소공급은 차단된다. FCU의 신호에 의해 구동된다.

⑥ **수소압력제어밸브**(FSV : Fuel Supply Valve)

연료차단밸브에서 공급된 17bar의 연료를 스택에서 전력을 생산하는데 필요한 만큼 압력을 조절하는 밸브이다.

⑦ **수소퍼지밸브**(FPV : Fuel Line Purge Valve)

스택 내부의 수소 순도를 높이기 위해 사용된다. 스택으로 공급된 수소는 산소와 화학반응 후 버려지는 것이 아니라 이젝터를 통해 재순환되어 남아있는 수소의 화학반응을 유도한다. 이때 재순환 과정에서 수소의 순도는 점점 낮아진다. 스택에서 일정량의 수소를 소비할 때 퍼지밸브는 수소의 순도를 높이기 위해 열려 수소를 배출한다. 즉, FCU는 항상 일정 수준 이상으로 수소의 순도를 유지하기 위해 퍼지밸브를 개방하고 새로운 수소를 공급한다. 퍼지밸브는 약 0.3초간 동작하여 스택 내 잔여 수소를 배출한다.

⑧ **적외선 에미터**(HIE : Hydrogen IR Emitter)

HMU는 수소저장탱크의 압력 및 온도를 실시간으로 감지한다.

[3] 전력 변환 시스템

고전압 및 신호의 흐름을 파악해 보면 시동 신호가 SMK(Smart Key System)를 통해 FCU로 입력이 되면, FCU는 PRA(Power Relay Assembly)를 작동시켜 고전압배터리를 작동시킨다. 고전압 배터리에서 나온 에너지는 BHDC로 들어가고, BHDC는 승압 과정을 거쳐 고전압 정션박스로 보내게 된다. 고전압 정션박스를 통해 MCU로 에너지가 전달되고, MCU는 직류 전원을 3상 교류전원으로 바꿔 구동모터에 전달하여 차량은 주행하게 된다. 이와 동시에 고전압은 LDC로도 입력되어 12V 배터리를 충전한다.

① **고전압 정션박스**(HV J/BOX) : 고전압 회로 분배(450V), 릴레이 퓨즈

② **인버터**(MCU) : 차량 구동모터 제어, 구동/회생 토크 제어

③ **컨버터**(LDC : Low Voltage DC-DC Convertor) : 차량의 12V 전원 공급, 보조배터리 충전

④ **구동모터** : 구동 토크 발생(최대 395Nm), 감속기/MCU 일체형

⑤ **컨버터**(BHDC : Bi-Directional High Voltage DC-DC Converter) **양방향** : 고전압 배터리 전력 제어, 시동 시 고전압 공급, 고전압 배터리 충·방전, 입력전압 160~275.2V, 출력전압 250~450V.

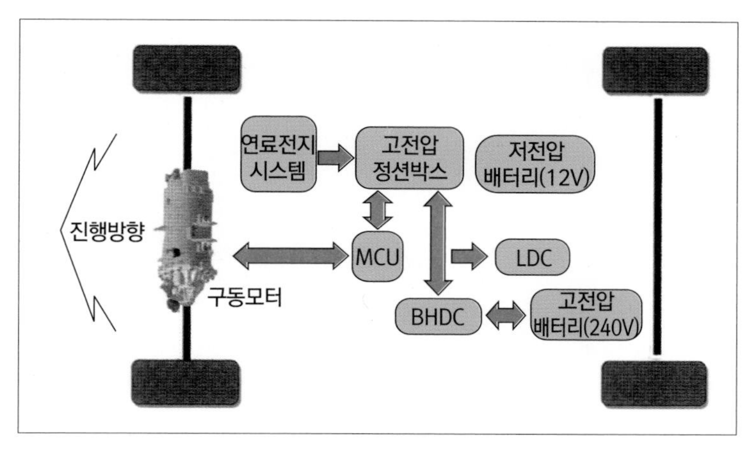

[그림 15] **구성품별 전력 흐름**

[4] 보조전원

연료전지 자동차에서 연료전지 스택의 내구 수명을 증대시키고, 주행거리와 연비향상을 위하여 보조전원으로 이차전지나 슈퍼 커패시터 등이 사용된다.

① **이차전지**(Secondary Battery, Rechargeable Battery, Storage Battery, Secondary Cell)

이차전지는 소형기기와 모바일 단말기를 중심으로 사용되고 있으나, 자동차용으로는 최근 하이브리드 자동차에 채용되는 대용량 이차전지가 있다. 연료 전지 시스템에서의 이차전지는 연료전지와 하이브리드 시스템의 구성기기로서 중요하여 연료 전지 출력의 안정화와 비상시 예비전력으로 중요한 역할을 담당한다. 연료 전지 시스템과의 이용에 있어서는 현재 이용되고 있는 Ni-MH, Li-폴리머 등이 있다.

[그림 16] **이차전지**

② **슈퍼 커패시터**(Super Capacitor)

슈퍼 커패시터는 에너지를 저장한 후 필요시 순간적으로 고출력 에너지를 방출하는 에너지 저장소자이다. 주 전원이 끊어졌을 때 보조로 전력을 공급하는 보조전원장치로 사용되고 있다. 그러나 capacitor는 이차전지에 비하여 에너지 밀도가 작아 같은 급의 전력용량을 확보하기 위해서는 대형화가 불가피하여 이에 대한 극복이 과제로 남아있다.

[그림 17] **슈퍼 커패시터**